土木建筑类"**1+X证书**"课证融通教材

BIM5D施工管理应用

BIM5D SHIGONG GUANLI YINGYONG

主 编　温晓慧　青岛理工大学

张　瑜　青岛酒店管理职业技术学院

副主编　闫利辉　河南建筑职业技术学院

柏　鸽　宿迁学院

刘晓逸　青岛城市学院

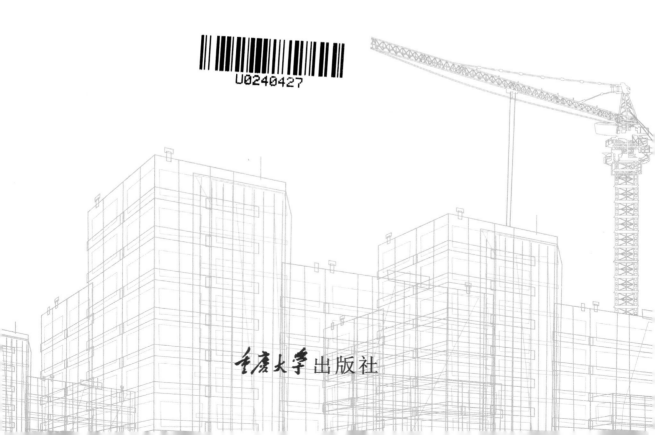

U0240427

重庆大学出版社

内容提要

本书是对接"1+X"(BIM)中级工程管理专业方向职业资格考试的 BIM5D 施工管理教材,通过校企合作开发编写。全书共包含 6 个项目,主要介绍了 BIM 施工项目管理概述、基于 BIM 的进度管理应用、基于 BIM 的成本管理应用、基于 BIM 的质安管理应用、基于 BIM 的合同管理应用、真题实战。围绕贯穿全书的案例工程,开展基于"1+X"考纲要求能力的情景任务化教学,每个项目对应考纲要求,进行教学任务分解,结合施工管理业务活动,展开 BIM 施工项目管理实战演练。

本书可作为应用型本科、高等职业院校土建类专业相关课程的教材,也可作为建筑行业从业人员进行"1+X"培训和施工管理职业能力培养的教材和参考书。

图书在版编目(CIP)数据

BIM5D 施工管理应用 / 温晓慧,张瑜主编. -- 重庆:
重庆大学出版社,2022.6(2023.2 重印)
土木建筑类"1+X 证书"课证融通教材
ISBN 978-7-5689-3331-5

Ⅰ.①B… Ⅱ.①温… ②张… Ⅲ.①建筑工程—施工
管理—应用软件—教材 Ⅳ.①TU71-39

中国版本图书馆 CIP 数据核字(2022)第 089214 号

土木建筑类"1+X 证书"课证融通教材
BIM5D 施工管理应用
主 编 温晓慧 张 瑜
副主编 闫利辉 柏 鸽 刘晓逸
策划编辑:林青山
责任编辑:陈 力 版式设计:林青山
责任校对:夏 宇 责任印制:赵 晟
*
重庆大学出版社出版发行
出版人:饶帮华
社址:重庆市沙坪坝区大学城西路 21 号
邮编:401331
电话:(023)88617190 88617185(中小学)
传真:(023)88617186 88617166
网址:http://www.cqup.com.cn
邮箱:fxk@ cqup.com.cn(营销中心)
全国新华书店经销
重庆天旭印务有限责任公司印刷
*
开本:787mm×1092mm 1/16 印张:12.75 字数:304 千
2022 年 6 月第 1 版 2023 年 2 月第 2 次印刷
ISBN 978-7-5689-3331-5 定价:39.00 元

前言
FOREWORD

随着我国 BIM 技术的快速发展,BIM 应用已进入 BIM3.0 时代。从传统建模设计逐步提升至模型深度应用,以施工阶段 BIM 应用为核心,从施工技术管理应用向施工全面管理应用拓展,从项目现场管理向施工企业经营管理延伸,从施工阶段应用向建筑全生命期辐射。在 BIM3.0 时代下,BIM 技术与项目管理的结合应用迸发出了巨大的力量。为了帮助读者更好地理解、掌握 BIM 技术在施工项目管理中的应用,编者基于项目管理业务逻辑,对标"1+X"(BIM)中级工程管理专业方向技能标准,以 BIM3.0 时代下 BIM5D 施工项目管理平台应用为基础,围绕"1+X"中施工管理能力要求,以员工宿舍楼工程为例编写了本教材,针对"1+X"考纲要求,进行任务分解,将任务融于案例项目模拟过程中,涵盖"1+X"(BIM)施工管理相关知识、技能要求,通过任务驱动引导学生探究学习理论知识,并学会运用知识进行业务实践,融理论与技能培训于一体,在动手中培养学生解决问题的能力。

本书主要介绍 BIM 施工项目管理概述、基于 BIM 的进度管理应用、基于 BIM 的成本管理应用、基于 BIM 的质安管理应用,基于 BIM 的合同管理应用,真题实战,以 6 个项目展开相关教学内容。以"理论+实践"的方式,将理论知识融入项目任务教学中,围绕贯穿案例工程,开展基于"1+X"考纲要求能力的情景任务化教学,培养学生运用理论解决实践问题的能力。每个项目对应考纲要求,进行教材任务分解,以案例工程为载体,结合施工管理业务活动,展开 BIM 施工项目管理实战演练。重点讲解如何运用 BIM5D 技术进行案例项目施工应用管理,在掌握职业技能的同时提升项目管理能力,包括 BIM 施工项目管理概述、基于项目场景的 BIM 进度管理应用、BIM 成本管理应用、BIM 质安管理应用、基于 BIM 的合同管理应用,以及围绕"1+X"考纲要求能力的真题演练等内容。以"1+X"考查要求的施工项目管理业务过程为主线,以岗位技能为培养目标,通过理实结合,模拟演练的教学设计理念,以 BIM 技术为基础,依托于项目案例模拟"1+X"考纲要求的部分施工管理应用,强化学生"1+X"考核能力和 BIM 应用能力,培养实际业务能力,让学生在实践中理解企业生产经营活动,各部门、各岗位之间的逻辑关系,掌握各岗位基于 BIM5D 管理平台的基本实践技能,并在此过程中提升学生的信息化应用能力以及协调、组织、沟通等综合职业素养。

本书是对接"1+X"（BIM）中级工程管理专业方向职业资格考试的 BIM5D 施工管理教材,融 BIM5D 技能与施工管理理论于一体,培养学生掌握相关施工管理知识与 BIM5D 基本操作技能,并且能够运用软件操作达成（BIM）中级工程管理专业方向职业资格考察要求。根据"1+X"考纲要求,本书对 BIM5D 施工管理能力进行了分析,并且将相应能力的达成分配到相应的项目模块去实施,具体能力见下表。

基于 BIM 的施工管理考纲要求

考纲要求	能力要求
1. 熟悉基于 BIM 的成本、进度、资源、质量、安全管理的原理	1. 具备基于 BIM5D 将模型与进度、成本、质量、安全及资源进行关联的能力 2. 具备补充 BIM 模型、修改 BIM 模型属性的能力 3. 具备基于 BIM5D 录入实际进度,并进行模型调整输出的能力 4. 具备基于 BIM5D 进行计划与实际进度查看模型的对比分析能力 5. 具备基于进度、施工段、专业、楼层等方式提取资源及造价信息的能力
2. 掌握按照基于 BIM 施工管理要求对建筑及安装工程 BIM 模型进行完善的方法	
3. 掌握将进度计划与建筑及安装工程 BIM 模型进行关联的方法	
4. 掌握将建筑及安装工程 BIM 模型与成本、进度、资源、质量、安全匹配进行关联的方法	
5. 掌握根据项目的实际进度调整建筑及安装工程 BIM 模型的方法	
6. 掌握按进度查看建筑及安装工程 BIM 模型的方法	
7. 掌握按进度或施工段从建筑及安装工程 BIM 模型提取工程造价的方法	
8. 掌握按进度或施工段从建筑及安装工程 BIM 模型提取主要材料的方法	

本书由青岛理工大学和广联达科技股份有限公司共同组织编写,由青岛理工大学温晓慧和青岛酒店管理职业技术学院张瑜任主编。具体编写分工如下:青岛理工大学温晓慧编写第 1 章,青岛酒店管理职业技术学院张瑜编写第 2 章和第 6 章,青岛城市学院刘晓逸编写第 3 章,河南建筑职业技术学院闫利辉编写第 4 章,宿迁学院柏鸽编写第 5 章。

本书将信息化手段和课程思政融入传统的理论教学,在培养学生职业技能的同时,注重学生职业道德的培养。本教材可作为应用型本科、高等职业院校相关专业以及建筑类企业从业人员进行"1+X"培训和施工管理职业能力培训的教材和参考资料。

由于编者水平有限,本书难免存在疏漏之处,恳请广大读者批评指正,以便及时修订与完善。

编　者

目录
CONTENTS

第 1 章　BIM 施工项目管理概述

【教学载体】

　　广联达员工宿舍楼工程

【教学目标】

　　1.知识目标

　　(1)掌握建设工程施工管理基本理论及内容；

　　(2)掌握 BIM 施工管理中的应用及原理；

　　(3)掌握 BIM5D 模型集成及原理。

　　2.能力目标

　　(1)能识记建设工程施工管理基本理论及内容；

　　(2)能应用 BIM5D 进行不同业务活动；

　　(3)能进行 BIM5D 模型集成。

　　3.素质目标

　　(1)培养理论结合实践的应用能力；

　　(2)提升相应的职业技能技术及施工项目管理能力。

　　4.思政目标

　　(1)培养注重实践的务实意识；

　　(2)提升专业爱岗的奉献精神。

【思维导图】

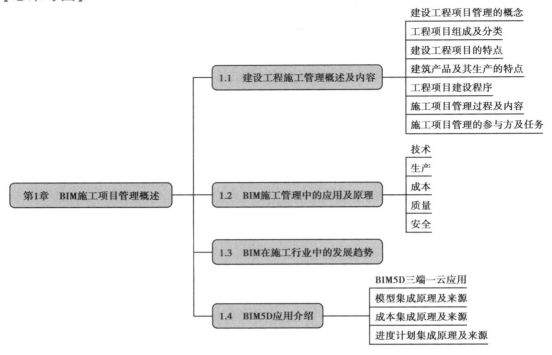

<!-- 思维导图内容 -->
第1章　BIM施工项目管理概述

1.1　建设工程施工管理概述及内容
- 建设工程项目管理的概念
- 工程项目组成及分类
- 建设工程项目的特点
- 建筑产品及其生产的特点
- 工程项目建设程序
- 施工项目管理过程及内容
- 施工项目管理的参与方及任务

1.2　BIM施工管理中的应用及原理
- 技术
- 生产
- 成本
- 质量
- 安全

1.3　BIM在施工行业中的发展趋势

1.4　BIM5D应用介绍
- BIM5D三端一云应用
- 模型集成原理及来源
- 成本集成原理及来源
- 进度计划集成原理及来源

1.1　建设工程施工管理概述及内容

1.1.1　建设工程项目管理的概念

建设工程项目管理（Construction Project Management）是运用系统的理论和方法，对建设工程项目进行的计划、组织、指挥、协调和控制等专业化活动，简称项目管理[《建设工程项目管理规范》（GB/T 50326—2017）]。

建设工程项目管理强调的是管理的职能。项目管理就是要对项目进行策划、组织、指挥、协调和控制，而建设工程项目管理除涉及《项目管理知识体系指南 PMBOK》中界定的 10 个方面以外，还要结合建设工程项目及其管理特点进行适当扩展。建设工程项目是一个复杂的系统，项目管理必须运用系统的理论、观点和方法才能实现项目目标。项目目标也具有系统性，包括功能目标，管理目标和影响目标，图 1.1 所示为建设工程项目管理目标系统。

自项目开始至项目完成，通过项目策划（Project Planning）和项目控制（Project Control），以使项目的费用目标、进度目标和质量目标得以实现。

建设工程项目管理的任务是在项目可行性研究、投资决策的基础上，对勘察设计、建设准备、施工及竣工验收等全过程的一系列活动进行规划、协调、监督、控制和总结评价，通过合同管理、组织协调、目标控制、风险管理和信息管理等措施，保证项目质量、进度、造价等目标得到有效控制。

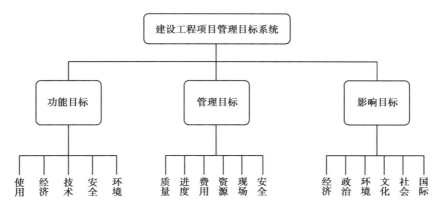

图 1.1　建设工程项目管理目标系统

1）合同管理

建设工程项目合同体系包括咨询服务合同、工程总承包合同、勘察设计合同、施工合同、材料及设备采购合同、项目管理合同、监理合同、造价咨询合同。

合同管理主要是对各类合同订立和履行过程的管理,包括合同文件的选择、合同条件的谈判、协商、合同书的签订、合同履行过程中的检查、变更、违约和纠纷的处理,以及总结评价等。

2）组织协调

组织协调是实现项目管理目标必不可少的手段和方法,在项目实施过程中,参与项目的各方需要处理和协调众多的复杂业务组织关系。组织协调有 3 个层面,其一是外部环境的协调,如与政府部门协调、资源供应及社区环境协调等;其二是项目参与单位之间的协调;其三是参与单位内部各部门、各层次及个人之间的协调。

3）目标控制

目标控制是指项目管理人员在动态环境中为保证既定目标的实现而进行的一系列检查和调整活动的过程。项目目标控制贯穿项目的全过程。

4）风险管理

随着工程项目规模的大型化和技术的复杂化,业主及参与各方所面临的风险越来越多,遭遇风险的损失程度越来越大,为保证投资效益,必须对风险进行识别、评估,并提出风险对策。

5）信息管理

信息管理是项目目标控制的基础,其主要任务是及时、准确地向各层级领导、各参与单位,以及各类人员提供所需要的不同程度的信息。建设项目的各参与单位应建立完善的信息收集制度,做好信息编目和流程设计工作,实践信息的科学检索和传递,并且利用好现有的信息资源。

6）环境保护

工程项目建设可以改造环境、为人类造福,优秀的建筑作品可以增添社会景观和历史人文价值,为防止项目在建设中对环境的破坏,应在工程建设中强化环保意识。切实有效地防止和克服对自然环境、生态平衡、空气污染、水质、历史文化的破坏以及对周围建筑物和地下管网扰动。项目管理者必须充分研究和掌握国家或地区有关环境保护的法规和规定。对环境保护有要求的项目,在可行性研究和项目决策阶段必须提供环境影响评估报告,严格按照工程建设程序向环境保护行政主管部门报批。在项目实施阶段做到主体工程与环境保护措施同时设计、同时施工、同时投入运行。

【知识拓展】

施工项目管理的依据

(1)法律

《中华人民共和国民法典》《中华人民共和国建筑法》《中华人民共和国招标投标法》《中华人民共和国土地管理法》《中华人民共和国城市规划法》《中华人民共和国城市房地产管理法》《中华人民共和国环境保护法》《中华人民共和国环境影响评价法》。

(2)行政法规

《建设工程质量管理条例》《建设工程安全生产管理条例》《建设工程勘察设计管理条例》《中华人民共和国土地管理法实施条例》。

(3)部门规章

①《工程监理企业资质管理规定》《注册监理工程师管理规定》《建设工程监理范围和规模标准规定》《建筑工程设计招标投标管理办法》《房屋建筑和市政基础设施工程施工招标投标管理办法》《评标委员会和评标方法暂行规定》。

②《建筑工程施工发包与承包计价管理办法》《建筑工程施工许可管理办法》《实施工程建设强制性标准监督规定》《房屋建筑工程质量保修办法》《房屋建筑工程和市政基础设施工程竣工验收备案管理暂行办法》《建设工程施工现场管理规定》。

(4)规范

《建设工程项目管理规范》(GB/T 50326—2017)。

1.1.2 工程项目组成及分类

建设工程项目是指为完成依法立项的新建、改建、扩建等各类工程而进行的有起止时间的、达到规定要求的一组相互关联的受控活动组成的特定过程,包括策划、勘察、设计、采购、施工、试运行、竣工验收和考核评价等。

工程项目案例如图 1.2 所示。

图 1.2 工程项目案例

1）**工程项目组成**

（1）建设项目

按一个整体设计组织施工，建成后具有完整的系统，可以独立发挥生产能力或具有使用价值的建设工程。例如，一所学校的建设，需要有教学场所、学生公寓、食堂、图书馆、运动场等许多单体工程，而这些单体工程及道路、管道等需要总体规划或总体设计，因此这些工程统称为建设项目。

（2）单项工程

单项工程是建设工程项目的组成部分，是指具有单独的设计文件，可独立组织施工和竣工验收，建成后能够独立发挥生产能力和使用效益的工程。如一个建筑群的某一栋建筑，教学楼、宿舍楼或图书馆等。

（3）单位工程

单位工程是单项工程的组成部分，是指具有单独的设计文件、独立的施工条件，但建成后不能独立发挥生产能力和效益的工程。如建筑工程中的一般土建工程、设备安装工程、电梯安装工程等。

（4）分部工程

分部工程是单位工程的组成部分。一般按单位工程的结构部位、使用的材料、工种或设备种类和型号等的不同而划分的工程。一般建筑工程主要包括地基与基础、主体结构、建筑装饰装修、建筑屋面、建筑给水排水及供暖、建筑电气、智能建筑、通风与空调、电梯、节能建筑等分部工程。

（5）分项工程

分项工程是分部工程的组成部分，是形成建筑产品的基本构造要素。一般是按照不同的施工方法，不同的材料及构件规格，将分部工程分解为一些简单的施工过程，是建设工程中最基本的单位内容，即通常所指的各种实物工程量。建筑工程的分项工程一般按构造的不同或按主要工种划分，如钢筋混凝土结构分为模板、钢筋、混凝土等分项工程。

（6）检验批

检验批是指按同一生产条件或按规定的方式汇总起来供检验使用的，由一定数量样本组成的检验体。根据施工及质量控制或专业验收需要按楼层、施工段、变形缝等进行划分。

2）**工程项目分类**

（1）按建设性质分类

按建设性质分类，工程项目分为新建项目、扩建项目、改建项目、迁建项目、恢复项目。

①新建项目是指从无到有、"平地起家"的建设项目。现有企事业和行政单位一般不应有新建项目，有的单位如果基础薄弱需要再兴建的项目，其新增的固定资产价值超过原有全部固定资产价值（原值）3 倍以上时，才算新建项目。

②扩建项目是指现有企事业单位在原有场地内或其他地点，为扩大生产能力或增加经

济效益而增建的生产车间、独立的生产线或分厂的项目;事业和行政单位在原有的业务系统的基础上扩充规模而进行的新增固定资产项目。

③改建项目是指包括挖潜、节能、安全、环境保护等工程项目。

④迁建项目是指原有企事业单位,根据自身生产经营和事业发展的要求,按照国家调整生产力布局经济发展战略的需要或出于环境保护等其他特殊要求,搬迁到异地建设的项目。

⑤恢复项目是指原有企事业单位和行政单位,因在自然灾害或战争中使原有固定资产全部或部分报废,需要进行投资重建来恢复生产能力和业务工作条件、生活福利设施等的工程项目。这类项目,无论是按原有规模恢复建设,还是在恢复过程中同时进行扩建,都属于恢复项目。但对尚未建成投产或交付使用的项目,受到破坏后,若仍按原设计重建的,原建设性质不变;如果按新设计重建,则需根据设计的内容来确定其性质。

工程项目按其性质分为上述 5 类,在项目总体设计完成以前,其建设性质始终是不变的。

（2）按专业分类

依据《建设工程工程量清单计价规范》（GB 50500—2013）,建设工程项目可按专业划分为房屋建筑与装饰工程、仿古建筑工程、通用安装工程、市政工程、园林绿化工程、矿山工程、构筑物工程、城市轨道交通工程、爆破工程等 9 个专业。

房屋建筑与装饰工程,是指各类房屋建筑及其附属设施和其他配套的线路、管道、设备安装工程及室内外装修工程;仿古建筑工程,是指用于模仿与替代古代建筑、传统宗教寺观、传统造景、历史建筑、文物建筑、古村落群、还原历史风貌概况的建筑;通用安装工程,是指各种设备、装置的安装工程;市政工程,是指在城市区、镇（乡）规划建设范围内设置、基于政府责任和义务为居民提供有偿或无偿公共产品和服务的各种建筑物、构筑物和设备等;园林绿化工程,是指建设风景园林绿地的工程;矿山工程,包括地面和地下工程;构筑物工程,是指不具备、不包含或不提供人类居住功能的人工建造物,比如水塔、水池、过滤池、澄清池、沼气池等。

（3）按建设总规模和投资分类

按建设总规模和投资分类,基本建设项目可分为大型项目、中型项目、小型项目。更新改造项目分为限额以上项目、限额以下项目。现行的划分标准如下:

①按投资额划分的基本建设项目,属于生产性工程项目中的能源、交通、原材料部门的项目,投资额度达到 5 000 万元以上为大中型项目;其他部门和非工业项目,投资额度达到 3 000万元以上为大中型项目。

②按生产能力或使用效益划分的工程项目,以国家对各行各业的具体规定作为标准。

③更新改造项目只按投资额度标准划分。能源、交通、原材料部门投资额度达到 5 000万元及其以上的工程项目和其他部门投资额度达到 3 000 万元以上的项目为限额以上项目,否则为限额以下项目。

（4）按投资作用分类

按投资作用分类,工程项目分为生产性建设项目和非生产性建设项目。

①生产性建设项目是指直接用于物质生产或直接为物质生产服务的建设项目,包括工业建设、农业建设、基础设施建设、商业服务建设等。

a.工业建设项目,包括工业、国防和能源建设项目。

b.农业建设项目,包括农、林、牧、渔、水利建设项目。

c.基础设施建设项目,包括交通、邮电、通信建设项目;地质普查、勘探建设项目等。

d.商业服务建设项目,包括商业服务、饮食、仓储、综合技术服务等建设项目。

②非生产性建设项目是指用于满足人民物质和文化、福利需要的建设和非物质生产部门的建设,包括办公用房、居住建筑、公共建筑、其他工程项目等。

a.办公用房,是指国家各级党政机关、社会团体、企业管理机关的办公用房。

b.居住用房,是指住宅、公寓、别墅等。

c.公共建筑,是指科学、教育、文化艺术、广播电视、卫生、博览、体育、社会福利事业、咨询服务、宗教、金融、保险等建筑。

d.其他工程项目,不属于上述各类的项目。

(5)按投资主体分类

按投资主体分类,工程项目分为政府投资工程项目、企业或事业单位投资工程项目、私人投资工程项目、各类投资主体联合投资工程项目。按照其营利性不同,政府投资项目又分为经营性政府投资项目和非经营性政府投资项目。

(6)按建设过程不同分类

按建设过程不同分类,工程项目分为预备工程项目、筹建工程项目、实施工程项目、建成投产工程项目、收尾工程项目。

(7)按行业性质和特点分类

①竞争性项目:主要是指投资效益比较高、竞争性比较强的一般建设项目。

②基础性项目:主要是指具有自然垄断性、建设周期长、投资额大而收益低的基础设施和需要政府重点扶持的一部分基础工业项目,以及直接增强国力的符合经济规模的支柱产业项目。

③公益性项目:主要包括科技、文教、卫生、体育和环保等设施,公、检、法等政权机关以及政府机关、社会团体办公设施,国防建设等。

1.1.3　建设工程项目的特点

1)建设工程项目的目标性

建设工程项目具有明确的建设目标,包括宏观目标和微观目标。政府部门主要是控制项目的宏观经济效果、社会效益和环境影响;投资者主要控制投资成本、质量和项目的周期;项目承建者主要控制项目实施过程中的安全、质量、工期、施工成本和健康与环保。

2)建设工程项目的单一性

建设工程项目的单一性主要体现在工程项目设计的单一性和施工的单件性。每一个工程项目的最终产品均有特定的功能和用途,每个建筑工程项目都有独有的特性。

3）建设工程项目的程序性

建设工程项目的程序性是指从策划决策、勘察设计、建设准备、施工、生产准备、竣工验收、投入生产或交付使用的整个建设过程中，各阶段之间存在严格的先后次序，可以进行合理交叉，但不能任意颠倒次序。工程项目建设程序是工程建设过程中客观规律的反映。

4）建设工程项目的约束性

建设工程项目除具有一般项目的约束性外，主要在实施阶段受下列条件约束：

①时间约束。建设工程项目必须在合理的时间内完成。

②资源约束。工程建设项目控制在一定的人力、物力和投资总额的范围内。

③质量约束。工程建设项目利用科学的管理方法和手段，必须达到预期的质量标准、生产能力、技术水平和效益目标。

5）建设工程项目的风险性

由于建设工程项目具有投资额度大、建设周期长、体积庞大、利用的资源广泛，受自然、经济、社会等因素影响较大，因此建设工程项目具有很大的风险性。

6）建设工程项目管理的复杂性

工程项目在建设过程参与单位众多，各单位之间的责任界定复杂，沟通、协调困难，导致项目管理复杂，管理难度大。工程项目在实施阶段主要在露天作业，受自然条件影响大，施工作业条件差，施工过程设计变更多，组织管理任务繁重，导致项目管理复杂。

1.1.4　建筑产品及其生产的特点

1）建筑产品的特点

建筑产品是建筑施工的最终成果，建筑产品多种多样，但归纳起来有体型庞大、整体难分、不能移动等特点，这些特点就决定了建筑产品生产与一般的工业产品生产不同，只有对建筑产品及其生产的特点进行研究，才能更好地组织建筑产品的生产，保证产品的质量。

建筑产品分为房屋建筑，包括厂房、仓库、住宅、办公楼、医院、学校、商业用房等；构筑物，包括烟囱、窑炉、铁路、公路、桥梁、涵洞、机坪等；机械设备和管道的安装工程（不包括机械设备本身的价值）。

（1）建筑产品的固定性

建筑产品是按照使用要求在固定地点建造的，建筑产品的基础与作为地基的土地直接相连，因而建筑产品在建造中和建成后是不能移动的，建筑产品建在哪里就在哪里发挥作用。固定性是建筑产品与一般工业产品最大的区别。

（2）建筑产品的多样性

建筑产品一般是由设计和施工部门根据建设单位（业主）的委托，按特定的要求进行设计和施工的。建筑物的使用要求、规模、建筑设计、结构类型等各不相同，即使是同一类型的建筑物，也因所在地点、环境条件不同而有所不同。因此，建筑产品不能像一般工业产品那样批量生产。

（3）建筑产品体积庞大

建筑产品是生产与生活的场所，要在其内部布置各种生产与生活必需的设备与用具，因而与其他工业产品相比，建筑产品体型庞大，占有广阔的空间，排他性很强。又因其体积庞大，建筑产品对城市的形成影响很大，城市必须控制建筑区位、面积、层高、层数、密度等，建筑必须服从城市规划的要求。

（4）建筑产品的高值性

能够发挥投资效用的任一项建筑产品，在其生产过程中耗用了大量的材料、人力、机械及其他资源，不仅实物形体庞大，而且造价高昂，动辄数百万、数千万、数亿人民币，特大工程项目其工程造价可达数十亿、百亿人民币。建筑产品的高值性也使其工程造价关系到各方面的重大经济利益，同时也会对宏观经济产生重大影响。

2）建筑产品生产的特点

（1）建筑产品生产的流动性

建筑产品地点的固定性决定了生产的流动性。一般的工业产品都是在固定的工厂、车间内进行生产，而建筑产品的生产是在不同的地区，或同一地区的不同现场，或同一现场的不同单位工程，或同一单位工程的不同部位组织工人、机械围绕着同一建筑产品进行生产。因此，使建筑产品的生产在地区与地区之间、现场之间和单位工程不同部位之间流动。

（2）建筑产品生产的单件性

建筑产品地点的固定性和类型的多样性决定了生产的单件性。一般的工业产品是在一定的时期里，在统一的工艺流程中进行批量生产，而具体的一个建筑产品应在国家或地区的统一规划内，根据其使用功能，在选定的地点上单独设计和单独施工。即使是选用标准设计、通用构件或配件，由于建筑产品所在地区的自然、技术、经济条件的不同，也使建筑产品的结构或构造、建筑材料、施工组织和施工方法等也因地制宜地加以修改，从而使各建筑产品生产具有单件性。

（3）建筑产品的生产过程具有综合性

建筑企业的内部管理涉及工程力学、建筑结构、建筑构造、地基基础、水暖电、机械设备、建筑材料和施工技术等学科的专业知识，要在不同时期、不同地点和不同产品上组织多专业、多工种的综合作业。建筑企业的外部管理涉及不同种类的专业施工企业，以及城市规划、征用土地、勘察设计、消防、"七通一平"、公用事业、环境保护、质量监督、科研试验、交通运输、银行财政、机具设备、物质材料、电、水、热、气的供应、劳务等社会各部门和各领域的复杂协作配合，从而使建筑产品生产的组织协作关系综合复杂。

（4）建筑产品生产受外部环境影响较大

建筑产品体积庞大，使建筑产品不具备在室内生产的条件，一般都要求露天作业，其生产受到风、霜、雨、雪、温度等气候条件的影响；建筑产品的固定性决定了其生产过程会受到工程地质、水文条件变化的影响，以及地理条件和地域资源的影响。这些外部影响对工程进度、工程质量、建造成本等都有很大影响。这一特点要求建筑产品生产者需要提前进行原始资料调查,制订合理的季节性施工措施、质量保证措施、安全保证措施等,科学组织施工,从而使生产有序进行。

(5)建筑产品生产过程具有连续性

建筑产品不能像其他许多工业产品一样可以分解为若干部分同时生产,而必须在同一固定场地上按严格程序连续生产,上一道工序不完成,下一道工序不能进行。建筑产品是持续不断劳动过程的成果,只有全部生产过程完成,才能发挥其生产能力或使用价值。

(6)建筑产品的生产周期长

建筑产品的固定性和体型庞大的特点决定了建筑产品生产周期长。因为建筑产品体型庞大,使得最终建筑产品的建成必然耗费大量的人力、物力和财力。建筑产品的生产受工艺流程和生产程序的制约,使各专业、工种间必须按照合理的施工顺序进行配合和衔接。又由于建筑产品地点的固定性,使施工活动的空间具有局限性,从而导致建筑产品生产具有生产周期长、占用流动资金大的特点。有的建筑项目,少则 1~2 年,多则 3~4 年,5~6 年,有的甚至在 10 年以上。

1.1.5　工程项目建设程序

工程项目建设程序是指建设项目从计划、决策、竣工验收,到投入使用的整个建设过程,是由工程建设项目本身的特点和客观规律决定的。

大中型及限额以上基本建设项目程序如图 1.3 所示。

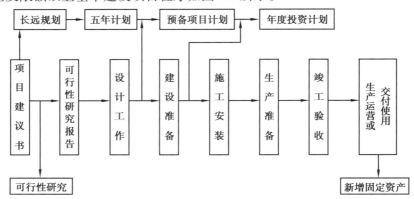

图 1.3　大中型及限额以上基本建设项目程序简图

1)项目建议书阶段

项目建议书是业主向国家提出要求建设某一建设项目的建议文件。项目建议书中需要包含项目提出的必要性和依据、产品方案、拟建规模和建设地点的初步设想,资源情况、建设条件、协作关系的初步分析,投资估算和资金筹措设想,项目的进度安排,经济效益和社会效益的估计等。

2)建设项目可行性研究

项目可行性研究要分析和论证建设项目在技术上与经济上是否可行,通过多方案比较,推荐最佳方案。可行性研究报告经批准后便是初步设计的依据,不得随意修改和变更。凡可行性研究未通过的项目,不得进行下一步工作。可行性研究内容主要包括市场(供需)研究、技术研究和经济研究 3 项。以工业项目为例,可行性研究报告主要包括项目概况综述(提出背景、建设必要性、研究依据等),市场需求预测和拟建规模、产品方案等,资源及共用设施情况,选址(地区、地点)方案与建设条件,设计方案及协作配套工程,资源、原材料及共用设施情况,环境保护,企业组织、劳动定员、人员培训,建设工期实施进度,投资估算、资金筹措方式,项目的经济评价和社会评价。

3)设计工作阶段

根据项目情况不同,设计工作阶段可以分为两阶段设计和三阶段设计。两阶段设计包括初步设计和施工图设计;三阶段设计包括初步设计、技术设计(扩大的初步设计)和施工图设计。初步设计,不得随意改变被批准的可行性研究报告所确定的建设规模、产品方案、工程标准、建设地址和总投资等控制指标。技术设计,主要针对涉及重大技术问题,如工艺流程、建筑结构、设备选型及数量确定等方面的设计。施工图设计,是指导施工的具体依据,主要包括建筑施工图、结构施工图以及建筑设备等图纸。

4)建设准备阶段

建设准备主要包括以下工作内容:征地、拆迁和场地平整;完成施工用水、电、路等工作;准备必要的施工图纸;组织材料、设备采购订货或招标,组织施工招标、择优选定施工单位;办理各项建设行政手续(建设单位申请批准大中型工程项目开工要经国家发改委统一审核后编制年度大中型建设项目开工计划报国务院批准。建筑工程开工前,建设单位应当按照国家有关规定向工程所在地县级以上人民政府建设行政主管部门申请领取施工许可证;国务院建设行政主管部门确定的小型工程除外),包括开工前的审计、图纸审核、招标前的报批等;编制项目实施管理规划。

5)工程项目的施工阶段

施工阶段是从现场开工到工程的竣工、验收交付。在此阶段,工程施工单位、供应商、项目管理(咨询、监理)公司及设计单位按照合同规定完成各自的工程任务,并通力合作,按照实施计划将项目的设计经施工一步步形成符合要求的工程。

6)竣工验收交付使用阶段

工程建设完成后要经过竣工验收才能移交给建设单位,验收时需要施工单位按照设计文件的要求完成规定内容和全部建设任务,自检合格后向建设单位提出竣工验收申请,然后由建设单位组织勘察、设计、施工和监理等单位和其他有关方面的专家进行工程验收,对工程实物及技术资料进行全面检查及工程移交。在工程保修期间施工单位对房屋建筑工程竣工验收后,在保修期限内出现的质量不符合工程建设强制性标准以及合同的约定等质量缺陷,予以修复。

施工方应对各类建筑工程及建筑工程的各个部位实行保修。在保修期内,对建筑产品出现的问题应及时检查并修理。根据我国《房屋建筑工程质量保修办法》的规定,保修的期限为基础设施工程、房屋建筑的地基基础工程和主体结构工程,为设计文件规定的该工程的合理使用年限;屋面防水工程、有防水要求的卫生间、房间和外墙面的防渗漏,为 5 年;供热与供冷系统,为 2 个供暖期、供冷期。电气管线、给排水管道、设备安装和装修工程,为 2 年。

建设工程项目在竣工验收交付使用后,承包人应编制回访计划,主动对交付使用的工程进行回访。回访一般采用 3 种形式,包括季节性回访、技术性回访、保修期满前的回访。

工程项目后评价是指对已经完成的工程项目或规划的目的、执行过程、效益、作用和影响所进行的系统客观分析。通过对投资活动实践的检查总结,确定投资预期的目标是否达到,工程项目或规划是否合理有效,工程项目的主要效益指标是否实现,通过分析评价找出失败的原因,总结经验教训,并通过及时有效的信息反馈,为未来工程项目的决策和提高完善投资决策管理水平提出建议,同时也为被评工程项目实施运营中出现的问题提出改进建议,从而达到提高投资效益的目的。工程项目后评价基本内容包括工程项目目标评价、工程项目实施过程评价、工程项目效益评价、工程项目影响评价和工程项目持续性评价。

1.1.6　施工项目管理过程及内容

施工项目是由建筑企业自施工承包投标开始到保修期满为止的全过程中完成的项目,它可能以建设项目为过程产出物,也可能是其中的一个单项工程或单位工程。

施工项目管理是指施工单位在完成所承揽的工程建设施工项目的过程中,运用系统的观点和理论以及现代科学技术手段对施工项目进行计划、组织、管理、监督、控制、协调等全过程的管理。施工项目管理是指由建筑施工企业对施工项目进行的管理。

1）施工项目管理的特点

①施工项目的管理者是建筑施工企业。由业主或监理单位进行的工程项目管理中涉及的施工阶段管理仍属建设项目管理,不能算作施工项目管理。

②施工项目管理的对象是施工项目。施工项目管理的周期也就是施工项目的生产周期,包括工程投标、签订工程项目承包合同、施工准备、施工及竣工验收等。

③施工项目管理的内容是在一个长时间进行的有序过程之中按阶段变化的。管理者必须做出设计、提出措施、进行有针对性的动态管理,并使资源优化组合,以提高施工效率和施工效益。

④施工管理要求强化组织协调工作。施工活动中往往涉及复杂的经济关系、技术关系、法律关系、行政关系和人际关系等,因此,必须通过强化组织协调的办法才能保证施工的顺利进行。

2）施工项目的承包形式

施工项目的承包形式一般有施工总承包、专业施工承包、劳务施工承包等。其中,专业施工承包和劳务施工承包通常是从施工总承包的项目中分包出来的。因此,对于不同的施工承包形式,施工单位担任的角色也不同,其项目管理的任务和工作重点也会有很大的差别。

施工总承包单位应对所承包的建设工程施工任务承担总的责任。而施工分包单位则应承担起合同所规定的分包施工任务,以及相应的项目管理任务。而且不论是施工总承包单位招来的分包单位,还是由建设单位指定的分包单位,都必须接受施工总承包单位的工作指令,服从其总体的项目管理。

3）施工项目管理的过程

从施工项目的寿命周期来看,施工项目的管理过程可分为投标签约阶段、施工准备阶段、施工阶段、竣工验收阶段、质量保修与售后服务等阶段。

（1）投标签约阶段

施工企业开始施工项目管理是从投标签约阶段开始的,施工单位应从企业经营战略的角度出发,考虑是否参与市场上的每一次项目投标,针对企业和具体项目情况决策是否参与某一项目投标争取承揽该项工程施工任务。如果决定投标,则应马上从多方面、多渠道尽可能地获取大量信息,继而进行认真分析梳理,作出判断。经过深入调研和分析,编制项目投标书进行投标。如果中标,则应及时与招标单位进行合同谈判,签订合同。

（2）施工准备阶段

施工合同签订后,施工单位要成立项目部,聘任项目经理,进行项目团队组建。项目部内设立项目经理部,根据施工项目的规模、结构复杂程度、专业特点、人员素质、地域范围,确定项目经理部的组织形式及人员分配等事项。项目经理组织项目部人员编制施工项目管理实施规划及规章制度,指导和规范施工项目的管理工作。根据项目情况,组织编制施工组织设计及质量计划,指导规范施工准备工作与施工过程。进行施工现场准备,使现场具备施工条件,保证安全文明施工。项目准备工作完成后,项目部编写开工申请报告,上报监理机构审批,准备开工。

（3）施工阶段

项目管理人员按照施工组织设计文件组织工程施工并进行各项管理工作。通过施工项目目标管理的动态控制,采用适当的组织措施、管理措施、技术措施、经济措施等,保证实现施工项目的进度、质量、成本、安全生产管理、文明施工管理等预期目标。在项目管理过程中,加强施工项目的合同管理、现场管理、生产管理、信息管理、项目组织协调工作,并做好相关记录,及时收集和整理施工管理资料。

（4）竣工验收阶段

在整个施工项目已按设计要求和合同约定全部完成,试运转合格且预验结果符合工程项目竣工验收标准的前提下,并取得政府有关主管部门（或其委托机构）出具的工程质量、消防、规划、环保和城建档案等验收文件或准许使用文件后,由建设单位组织勘察、设计、施工和监理等单位和其他有关方面的专家进行工程验收,对工程实物及技术资料进行全面检查及工程移交。在项目竣工验收阶段进行竣工结算、清理各种债权债务,进行经济分析,做出项目管理总结报告并送企业管理层有关职能部门,企业管理层组织考核委员会对项目管理工作进行考核评价并兑现"项目管理目标责任书"中的奖惩承诺,项目经理部解体。因此,必须通过强化组织协调的办法才能保证施工的顺利进行。

竣工验收的要求:

①完成工程设计和合同约定的各项内容;

②有完整的技术档案和施工管理资料,经核定的工程竣工资料,符合验收规定;

③勘察、设计、施工、监理等签署确认的质量合格文件;

④主要建筑材料、构配件和设备进场的证明及试验报告;

⑤建设单位已按合同约定支付工程款;

⑥施工单位签署的工程质量保修书;

⑦规划主管部门出具的认可文件。

(5)质量保修与售后服务阶段

按照《建设工程质量管理条例》的规定,竣工验收通过的工程进入工程保修阶段。为了保证工程的正常使用和维护施工单位的良好声誉,施工单位在保修期满前根据"工程质量保修书"的约定进行项目回访保修,听取使用单位和社会公众的意见,总结经验教训,了解和观察使用中存在的问题,进行必要的维护、维修、保修和技术咨询服务。

由于施工的责任,对各类建筑工程及建筑工程的各个部位都应实行保修。在保修期内,对建筑产品出现的问题应及时检查并修理。工程保修期限遵照基础设施工程、房屋建筑的地基基础工程和主体结构工程,为设计文件规定的该工程的合理使用年限;屋面防水工程、有防水要求的卫生间、房间和外墙面的防渗漏,为 5 年;供热与供冷系统,为 2 个供暖期、供冷期。电气管线、给排水管道、设备安装和装修工程,为 2 年。

1.1.7 施工项目管理的参与方及任务

1)业主方的任务

业主方是建设工程施工生产各项资源(人力资源、物质资源、知识等)的总集成者和总组织者,监理方、造价咨询方、招投标代理方等都代表业主方的利益,为工程施工提供全方位、全过程的各种咨询服务,业主方项目管理包括投资方和开发方的项目管理,它是全过程项目管理,贯穿于项目从决策到实施的各个环节。业主方管理工作目标是严格控制工程质量、工期、投资和安全生产。业主方项目管理的主要任务如下:

(1)投资控制

①在工程招标、设备采购的基础上对施工阶段投资目标进行详细分析、论证;

②编制施工阶段各年、季、月度资金使用计划,并控制其执行;

③审核各类工程付款和材料设备采购款的支付申请;

④组织重大项目施工方案的科研、技术经济比较和论证;

⑤定期进行投资计划值与实际值的比较,完成各种投资控制报表和报告;

⑥进行工程施工目标的风险分析,并应制订防范对策;

⑦审核和处理各项施工费用索赔事宜。

(2)进度控制

①落实工程施工的总体部署,进行施工总进度目标论证;

②编制或审核各施工子系统和各专业的施工进度计划,并在施工过程中控制其执行;

③编制年、季、月工程施工综合计划,落实资源供应和外部协作条件;

④审核设计方、施工方、物资供应方提交的施工进度计划和供应计划,并检查、督促和控制其执行;

⑤定期进行施工进度计划值与实际值比较,分析进度偏差及其原因;

⑥掌握施工动态,核实已完工程量,编制各年、季、月、旬进度控制报告;

⑦根据施工条件的变化,及时调整施工总进度计划。

（3）质量控制

①组织并完成施工现场的"三通一平"工作,包括提供工程地质和地下管线资料,提供水准点和坐标控制点等;

②办理施工申报手续,组织开工前的监督检查;

③组织图纸会审和技术交底,审核批准施工组织设计文件,对施工中难点、重点项目的施工方案组织专题研究;

④审核承包单位技术管理体系和质量保证体系,审查分包单位资质条件;

⑤审查进场原材料、构配件和设备等的出厂证明、技术合格证、质量保证书以及按规定要求送验的检验报告,并签字确认;

⑥检查和监督工序施工质量、各项隐蔽工程质量以及分项工程、分部工程、单位工程质量,检查施工记录和测试报告等资料的收集整理情况,签署验收记录;

⑦建立独立平行的监测体系,对工程施工质量的全过程进行独立平行监测;

⑧处理施工过程中的设计变更和技术核定工作;

⑨参与工程质量事故检查分析,审核批准工程质量事故处理方案,检查事故处理结果。

（4）安全控制

①审查安全生产文件,督促施工单位落实安全生产的组织保证体系和安全人员配备,建立健全安全生产责任制;

②督促施工单位对工人进行安全生产教育及部分工程项目的安全技术交流;

③审核进入施工现场的承包单位和各分包单位的安全资质和证明文件,检查施工过程中的各类持证上岗人员资格,验证施工过程所需的安全设施、设备及防护用品,检查和验收临时用电设施;

④审核并签署现场有关安全技术签证文件,按照建筑施工安全技术标准和规范要求,审查施工方案及安全技术措施;

⑤检查并督促施工单位落实各分项工程或工序及关键部位的安全防护措施,审核施工单位提交的关于工序交接检查、分部分项工程安全检查报告,定期组织现场安全综合检查评分;

⑥参与意外伤害事故的调查和处理。

（5）合同管理

①主持施工合同结构的分解、合同类型的确定、合同界面的划分和合同形式的选择;

②负责施工承发包、设备材料采购等合同文件的起草、谈判与签约;

③通过合同跟踪、定期和不定期的合同清理,及时掌握和分析合同履行情况,提供各种合同管理报告;

④针对工程施工实际情况与合同有关规定不符的情况,采取有效措施加以控制和纠正;

⑤合同变更处理；

⑥工程索赔事宜和合同纠纷的处理。

（6）信息管理

业主方进行项目信息管理可以通过梳理业务，构建项目信息管理平台，使项目全生命周期的相关方、工作任务、工作流程在平台上集中管理，组成利益相关方的沟通平台；信息和程序集成使工作流程标准化，任务分解、执行监督到位，可视化使各层管理人员能纵览全局，做到心中有数，提前做好预测和防范，使项目全过程管理更为规范。信息平台使项目建设各环节职责更清晰、衔接更顺畅、流程更透明，使项目管理流程先固化和优化，项目管理水平不断提高。

（7）组织与协调

①主持协调项目参与各方之间的关系；

②组织协调与政府各有关部门及社会各方的关系；

③办理建设项目报建、施工许可证等证照及各项审批手续。

2）施工承包方的任务

施工承包方是受业主的委托实施合同规定的施工项目的主要参与方，包括施工总承包方、施工分包方、施工劳务方等不同的层次结构。尽管施工方的角色不同，其管理工作及管理工作的重点不同，但施工方管理工作仍然主要在施工阶段进行，有时也涉及设计准备阶段、设计阶段、动用前的准备阶段和保修阶段。施工承包方主要管理工作目标是保证工程项目质量、工期、降低成本、安全文明施工。一般情况下其主要任务如下：

（1）成本控制

①编制施工成本计划，设定目标成本，并按工程部位进行施工成本分解，确定施工项目人工费、材料费、机械台班费、措施费和间接费的构成；

②建立施工成本核算制，明确施工成本核算的原则、范围、程序、方法、内容、责任及要求，并设置核算台账，记录原始数据；

③落实施工成本控制责任制，制订成本要素的控制要求、措施和方法；

④合理安排施工采购计划，通过生产要素的优化配置，有效控制实际成本；

⑤加强施工调度、施工定额管理和施工任务单管理，控制活劳动和物化劳动的消耗；

⑥采取会计核算、统计核算和业务核算相结合的方法，进行实际成本与责任目标成本的比较分析，实际成本与计划目标成本的比较分析，分析偏差原因，并制订控制的措施；

⑦编制月度施工成本报告，预测后期成本的变化趋势和状况。

（2）进度控制

①根据施工合同确定的开工日期和总工期，确定施工进度总目标，并分解为交工分目标，按承包的专业或施工阶段划分分目标；

②建立以施工项目经理为责任主体，施工子项目负责人，计划人员、调度人员、作业队长及班组长参加的施工进度控制体系；

③编制施工总进度计划和单位工程施工进度计划及相应的劳动力、主要材料、预制构

件、半成品和机械设备需要量计划,资金收支预测计划,并向业主报告;

④编制年、月、旬、周施工计划,分级落实施工任务,最终通过施工任务书由班组实施;

⑤跟踪和记录施工进度计划的实施,对工程量、总产值、耗用的人工、材料和机械台班等数量进行统计与分析,如果发现进度偏差(不必要的提前或延误),及时找出影响进度的原因;

⑥采取措施及时调整施工进度计划,并不断预测未来进度状况。

(3)质量控制

①编制施工质量计划及施工组织设计文件,建立和完善质量保证体系;

②编制测量方案,复测和验收现场定位轴线及高程标桩;

③工程开工前及施工过程中,进行书面技术交底,办理签字手续并归档;

④组织原材料、构配件、半成品和工程设备的现场检查、验收和测试,并报经监理工程师批准;

⑤组织工序交接检查、隐蔽工程验收和技术复核工作;

⑥严格执行工程变更程序,工程变更事项需经有关方批准后才能实施;

⑦按国家建设施工质量管理有关规定处理施工过程中发生的质量事故;

⑧落实建筑产品或半成品保护措施。

(4)安全控制

①建立安全管理体系和安全生产责任制,编制施工安全保证计划,制订现场安全、劳动保护,文明施工和环保措施;

②按不同等级、层次和工作性质,有针对性地分别进行职工安全教育和培训,并做好培训教育记录;

③检查各类施工持证上岗人员的资格,落实劳动保护技术措施和防护用品;

④按规范要求检查和验收施工机械、施工机具,临时用电设施,脚手架工程,对施工过程中的洞口、临边、高空作业采取安全防护措施;

⑤施工作业人员操作前,组织安全技术交底,双方签字认可;

⑥按有关资料对施工区域周围道路管线采取相应的保护措施;

⑦组织有关专业人员,定期对现场的安全生产状况进行检查和复查,并做好记录;

⑧依法办理从事危险作业职工的意外伤害保险。

(5)合同管理

①建立施工合同管理组织体系和各项管理制度,明确合同管理的工作职责;

②审查合同文本,研究合同条款,分析合同风险,提出防范对策;

③参与施工合同的谈判,办理合同签约手续;

④跟踪施工合同执行情况,分析进度、成本、质量合同目标的偏差程度,并提出调整方法和措施;

⑤落实工程合同变更;

⑥运用施工合同条件和有关法规,按特定程序处理施工索赔和合同纠纷。

（6）信息管理

信息管理是项目目标控制的基础,其主要任务是及时、准确地向各层级领导、各参与单位,以及各类人员提供所需要的不同程度的信息。施工单位应建立完善的信息收集制度,做好信息编目和流程设计工作,实现信息的科学检索和传递,并且利用好现有的信息资源。

（7）组织与协调

①参与协调各施工参与方之间的关系;

②组织协调与政府各有关部门,社会各方的关系;

③办理各类施工证照及审批手续。

勘察设计单位是建设项目的主要参与方,尽管勘察设计单位的项目管理任务主要集中在设计阶段,但在工程实践中,设计阶段和施工阶段的工作往往是交叉进行的。施工阶段勘察设计单位管理效果的好坏,直接影响施工管理目标和任务的实现。项目的设计方,主要管理工作目标是在保证建筑物的功能和使用周期的前提下,降低投资。施工阶段勘察和设计方的主要任务见下述内容。

3）勘察方的任务

①按工程建设强制性标准实施地质勘察,保证勘察质量。

②向业主提供评价准确、数据可靠的勘察报告。

③对地基处理,桩基的设计方案提出建议。

④检查勘察文件及施工过程中勘察单位参加签署的更改文件材料,确认勘察符合国家规范、标准要求,施工单位的工程质量达到设计要求。

⑤参与竣工验收检查,陈述工作报告,签署竣工验收报告。

4）设计方的任务

①严格执行工程设计强制性标准和有关设计规范,按时保质提供施工图及有关设计资料。

②经施工图审查合格后,参与设计交底,图纸会审,并签署公审记录。

③配合业主招标工作,编制招标技术规格及施工技术要求。

④审核认可设备供应商及专业分包商的深化设计。

⑤派遣具有相应资质、水平和能力的人员担任现场设计代表,及时解决施工中的有关设计问题,并出具设计变更或补充说明。

⑥参与隐蔽工程验收和单位工程竣工验收。

⑦参与工程质量事故分析,并对因设计造成的质量事故提出相应的技术处理方案。

⑧检查设计文件及施工过程中设计单位参加签署的更改设计的文件材料,确认设计符合国家规范、标准要求,施工单位的工程质量达到设计要求。

⑨参与竣工验收检查,陈述工作报告,签署竣工验收报告。

5）物资供应方

物资供应方作为工程建设的一个重要参与方,其施工管理主要服务于工程的整体利益和供应方自身的利益,供货方的项目管理工作主要在施工阶段进行,但也涉及设计前的准备阶段、设计阶段、动用前的准备阶段和保修阶段,应根据供应合同所界定的任务进行相关管理,以适应建设工程项目总目标的要求。物资供应方在施工阶段同样也涉及成本控制、进度控制,质量控制、安全管理,合同管理和信息管理等方面的工作,其施工管理的主要任务如下:

①编制物资供应进度计划和质量保证措施。

②按合同的要求提供物资,及时向业主方提交所供产品的技术资料、产品合格证明等。

③提出与物资供应相关的工程质量、进度、成本等改进措施。

④参与施工部门召开的工作协调会议,开展质量体系审核。

⑤解决或预防问题发生,及时安排技术人员对发生的问题进行处理。

⑥承担在质保期内由于自身原因的维修或更换的义务。

⑦服从业主方和工程监理单位的管理,及时向业主方和工程监理提供合同实施进度报告。

⑧遵守施工总承包方的现场管理规章,并与有关的施工单位密切协作。

1.2　BIM 施工管理中的应用及原理

BIM5D 是以 BIM 模型为载体,集成施工过程中生产、技术、商务等多部门业务信息,以统一的平台实现模型数据和业务信息的协同和共享,从而打破项目各部门的信息孤岛,提升信息交互的准确性和高效性;通过实现业务过程管理的数字化和在线化,以数据辅助项目决策,从而驱动项目施工精细化管理升级,最终达到项目降本增效的目的;同时,各业务模块之间可分可合可连接,保障了落地应用过程的专业性和灵活性。

1.2.1　技术

1)变更管理

BIM5D 软件中的各项功能可以辅助进行变更管理,通过拍照识别文字,轻松关联图纸与会审、变更、签证等表单,可形成基于 BIM 模型的会审、变更、洽商信息;针对设计变更,可以通过模型关联图纸,显示变更关联问题,减少图纸问题遗漏导致的返工。另外,可以按生产进度及责任人推送图纸会审及设计变更提醒,减少因图纸问题遗漏而导致的返工,设计变更及工程洽商施工过程记录留痕,方便结算有据可依。变更与图纸协同查看,提升效率 30%,保证现场变更执行到位,减少返工,保障结算资料完整,避免结算损失。

2)施工模拟

通过建立 BIM 模型,可对复杂工艺节点进行模拟,增强技术交底的可视性和准确性,提高现场施工人员对复杂节点施工工艺的理解程度。利用 BIM 技术既可对大型结构构件的安装形式进行模拟,并利用专业力学软件进行受力分析计算。又可对装修阶段的二次结构进行研究和模拟。也可对原设计图中建筑结构、装修和机电等专业建模进行内部审核,发现设计问题,提供纠正措施,减少和杜绝返工和拆改,以及对基于 BIM 模型的建筑结构、装修和机电出图进行控制,使其符合使用习惯。

3)方案展示

企业投标时和开工前可以借助 BIM5D 软件进行技术标方案展示,从外部对整体工程场地布局进行交底查看,明晰工程场地基本情况,从内部进行建筑物查看,可以看到真实施工后的情况,综合建筑、电气、消防、喷淋、装修等所有专业情况,可以对工程不同时期的工况进行查看,让管理人员明晰现场工况的变化,提前进行预演,提升项目管控能力。技术人员可利用 BIM5D 管理平台的二次排砖功能,在大规模施工前,先进行样板施工,对二次砌筑墙体进行排砖布置,出具排砖图,辅助出具砌块材料需用计划,指导材料采购并进行精确投放,减少材料浪费,避免二次转运。

1.2.2　生产

1)进度计划优化

通过 BIM5D 管理平台将 Project 或者斑马软件编辑的进度计划进行集成,在平台上进行进度模拟,根据模拟方案,确定计划需用的人工,进行进度计划的优化。通过基于 BIM 模型的流水段管理,对现场施工进度、各类构件完成情况进行精确管理。对进度进行精细化管理,并进行资金、资源曲线分析。生成基于模型的构件清单,并作为提取物资采购计划的基础数据。利用细致的信息模型,进行连续的已完成工程模拟、工程量统计和周计划模拟。

2)进度管控

通过 BIM5D 管理平台,商务部门对总进度计划、月进度计划、产值统计、领料计划进行实时跟踪,掌握材料、资金、人工等变化情况,并按需求作出相应的调整。项目实施过程中管理人员可以通过移动端便捷监控进度,进行现场进度的采集和实际校核,自动按照流水段汇总进度情况,进行进度分析,让用户更好地掌控项目的进展,把控项目工期。并且可以通过工作面维度进行实际进度查看,便于按照工作面维度进行进度管理,实时进行进度分析,提醒延迟和可能延迟,项目可提前采取措施,避免工期延迟。生产经理根据进度计划,利用 BIM5D 终端,向各工长下发具体任务,责任到人,工长根据指令,落实执行情况,并在 5D 端进行任务执行情况反馈,实时记录任务执行情况。

1.2.3　成本

1)资金计划编制

施工方根据项目的总进度计划,计算资金使用情况,提前进行资金的调配和安排,提高资金的使用效率,降低资金使用成本,清晰项目的进展过程。

2)合同工程量清单校对

一般情况下,工程量清单是由业主委托事务所来编制的,由于时间紧及对现场实际施工工艺的不了解,难免会产生工程量偏差、缺项、不合理等问题,借助 BIM 技术建立较为完整全面的模型清单,并与之对比,可以找出清单缺项以及少量的汇总表,全专业模型有利于甲方清单校核,实现精准报价,进而提升对项目管理的效率。

3)合约管理

可以借助 BIM5D 施工管理平台进行合约规划,规划分包范围,设置拟分包单位,查看拟分包费用,便于进行分包审核,通过审核,控制总体成本。

4)成本管控

(1)目标成本编制及核算

根据已签订的劳务分包、设备材料合同,在基于 BIM 工程量和计划工期下,形成项目的目标成本,再定期录入实际成本,形成一个动态的目标成本,与初始目标对比,找出偏差,过程中严格建立出入库台账,定期进行台账与 BIM 总量的比对,做到两账合一。通过成本核算提供成本信息,便于领导层决策;由于成本核算耗时耗力,项目一般每季度核一次;BIM 平台自动进行收入和目标成本的拆分,用户只需要填写实际成本,便可进行实时成本核算,以便及时了解项目盈亏,找到盈亏问题并进行整改。

(2)自动对模型量进行统计

可以对全部材料量进行统计,实现工程量统计与限额领料控制。限额领料是控制材料的有效手段,但在现阶段由于受到配发材料的时间和人员掌握的工程数据的限制,项目人员只能根据经验或有限的数据来判断报送的领料单上的各项消耗量是否合理,导致限额领料的落实情况并不理想。而在基于 BIM 的项目管理过程中,借助 BIM 数据中记录的同类项目的材料消耗数据以及 BIM 的多维提量功能,商务人员能够快速、准确地拆分、汇总并输出任意工序的材料需求量,助力项目真正实现限额领料,节约材料费用。传统报量方式大多为文字描述完成工程量,然后手动计算各专业完成情况,汇总计算形成汇总表。利用 BIM 数据报量的方式只需按照上次报量情况,选择工作时间段,即可生成工程量清单,大大提高了报量效率和精度。

5)产值统计

根据现场进度自动生成产值报送资料,原始每一次产值统计需要根据现场实际进度编制造价,需要拆分工程量,重复算量、重复计价,非常烦琐,又或者是直接按照比例进行估算,十分不准确。通过 BIM 技术管理,可以根据现场实际进度进行勾选,便可直接生成产值资料,使得产值报送更准确更方便,更可看出项目产值的动态曲线。

1.2.4　质量

1)质量巡检

针对传统质量检查发现问题后,一般小问题可电话或口述通知责任人,告知问题并进行整改,大问题拍照记录现场情况,笔录问题描述,整理后下发整改通知单,劳务整改完成后进行书面回复的情况,往往存在记录问题不清晰,传达不及时,后续跟踪难等问题,基于 BIM 的施工管理可以实现通过手机端方便问题记录、查询;描述更准确,保证信息传递到位,问题在线跟踪,实时提醒,问题不遗漏,随时了解质量情况,信息不延迟。流程自动跟踪,提醒;数据成果分析自动完成,无须二次劳动,节约工作量。针对项目质量数据收集难的问题,借助 BIM5D 施工管理平台与模型对质量问题进行跟踪记录统计,便于发现质量问题产生的原因、制订有力的整改措施、明确质量管理的薄弱环节,生成质量分析报告,帮助管理人员了解质量情况,进行有效监控。

2)质量验收

针对质量验收经验不足,验收不严谨,看不出问题,验收资料易遗漏,不及时,关键工序漏检,影响项目考评,流程不规范,未自检或总包未检查报验等问题,BIM5D 施工管理平台可以内置分包自检流程,在线发起关联生产进度计划,推动验收提醒,验收完成自动形成验收台账资料,关联进度,实现必检工序零遗漏,固化流程,验收更规范,随时了解项目情况,验收更省心。

3)质量评优考核

巡检过程中,检查发现问题责任到人,实现整改零遗漏,评分自动汇总排名,提升效率。在线评优,随时记录优秀个人和分包单位,进行表扬,通过评优,进行正能量激励分包单位和人员,提升施工质量,助力质量部门开展工作。进行多维度质量问题统计,满足项目不同分析需求,实时汇总项目数据,多维度数据展示管理驾驶舱,数据自动汇总分析,作为考核依据,为汇报提供数据支撑。

1.2.5 安全

1)隐患排查治理

针对传统安全检查发现问题后,整改过程缺乏监管,信息流转慢,反馈不及时,记录查找困难,难以汇总分析的问题,基于 BIM 的施工管理可以实现全流程实时流转至责任人,记录留存、管理有痕,自动生成各种单据、台账,闭环管理、过程留痕,不让隐患转化为事故。针对项目安全数据收集难的问题,借助 BIM5D 施工管理平台可以自动统计安全问题数据,便于管理人员了解安全隐患情况,进行有效监控。巡检过程中,发现做得比较好的班组和人员可以进行表扬,通过评优,规范安全工作流程,提升安全监管效果,促进安全工作执行到位。

2)风险分级管控

项目部可以绘制项目风险点地图,再利用 BIM5D 手机端及二维码存储技术,在现场风险重点位置设置二维码巡视点,根据风险隐患级别设置不同巡视频次,对隐患重点部位如塔吊、材料库房、卸料平台卸荷、二级箱等部位进行强制巡检。巡视点的设置不但有意识地提高了安全检查频次,并且通过扫描二维码显示的内容提示,规范了检查动作。项目部可以根据现场情况与阶段绘制项目风险点地图,根据风险隐患级别要求不同的巡视频次,对隐患重点部位如塔吊、材料库房、卸料平台、二级箱等部位进行重点巡检。二维码定点巡视的制度,对安全检查形成了有效轨迹,不仅规范了检查动作与重点,还有助于新员工更快地适应岗位工作。

3)危大工程管理

针对管控重点不统一,无法实时动态监控,过程难管理,记录难留存的问题,借助 BIM5D

施工管理平台提供的完善的管控任务库,危大工程管控情况可以随时掌握,自动生成资料、台账,能够快速识别、标准管控,一目了然,随时掌握,任务清晰、管理到位。

1.3　BIM 在施工行业中的发展趋势

BIM 技术的应用和发展,对建筑工程施工管理带来了巨大的价值。住房和城乡建设部2016 年陆续发布了《住房和城乡建设部 2016—2020 年建筑业信息化发展纲要》和《住房和城乡建设部关于推进建筑信息模型(BIM)应用的指导意见》等文件,大力推广 BIM 技术在实际工程中的应用。全国大部分省区市也陆续颁布了关于推进建筑信息模型(BIM)应用工作的文件。2016 年 12 月 2 日,山东省住建厅印发了《关于推进建筑信息模型(BIM)工作的指导意见》,推动 BIM 技术在规划、勘察、设计、施工、监理、项目管理、咨询服务、运营维护、公共信息服务等环节的全方位应用。分阶段、分步骤推进 BIM 技术试点和推广应用,到 2017 年底,基本形成满足 BIM 技术应用的配套政策和标准规范。建立基于应用 BIM 技术的一站式联审和数字化监管模式。大型设计、施工、监理、项目管理、咨询服务等单位普遍具备 BIM技术应用能力,到 2020 年,国有资金投资为主的大中型建筑和市政工程全部应用 BIM 技术。

2017 年,国务院下发的《国务院办公厅关于促进建筑业持续健康发展的意见》,提出了积极支持建筑业科研工作,提高技术创新对产业发展的贡献率,加快推进建筑信息模型(BIM)技术在规划、勘察、设计、施工和运营维护全过程的集成应用,实现工程建设项目全生命周期数据共享和信息化管理,为项目方案优化和科学决策提供了依据。

从发展背景以及政策解读,我们能清晰地感受到 BIM 技术发展作为推动建筑业效率提升的一大趋势,不仅在行业内越来越受到重视,各地政府也越来越加大对 BIM 发展的扶持,不断加大在招投标、简易验收等提供便利。对于企业而言,提升管控效率、降低成本,也是赢得行业竞争的最重要手段之一,而 BIM 作为一个先进有效的辅助工具,越来越被企业接受与采用。目前来说,现今国内 BIM 的发展还是以施工单位为主力,未来的全周期、全平台应用,勘察、设计、建设、监理、施工等单位,从项目 BI 到企业级 BI,都会对 BIM 人才产生巨大的需求。提升生产力是行业避不开的话题,BIM 技术的应用可以说是行业发展的必然趋势,各地政府越来越加大对 BIM 发展的扶持,并不仅限于招投标、简易验收等政策。

BIM 在施工行业的应用随着 BIM 技术的不断发展逐渐深入,从施工技术管理应用向生产、商务等施工全面管理应用拓展,从 BIM 向 BIM+智慧工地的集成应用拓展,从项目管理到企业经营,从施工阶段向建筑全生命期辐射。其发展过程大致经历了 3 个阶段,第一个阶段主要是三维模型可视化(虚拟建造建筑、结构、水、暖、电模型),机电单专业及预留洞定位出图,三维场布优化,标准工地样板的建立,提高深化设计的质量和效率。第二个阶段是BIM5D 精细化施工管理与企业管理模式的结合,可提高现场施工效率,减少材料损耗及浪费,提高总承包管理水平,加强总包与分包之间的协作;提高项目商务管理的准确性与及时性,更好地进行成本控制;提高项目质量、安全的监管与控制能力。第三个阶段是企业标准化模型BIM 规范的建立(建模手册、模型颜色标准、模型管理标准、模型交付标准),构件库的建立。

BIM 在我国施工行业中持续发展,应用项目数量不断增加、应用内容更加深入,BIM 人才培养不断壮大,国家、地方政府、行业不断推出和完善 BIM 应用相关政策、制度和文件,政府、甲方、施工企业作为当前施工阶段 BIM 应用的主要推动力,也不断发力,推动 BIM 技术的落地和应用,随着云计算、大数据、物联网、人工智能等新技术的发展,BIM 技术正在加大融合,以寻求进一步发展。

1.4 BIM5D 应用介绍

1.4.1 BIM5D 三端一云应用

BIM5D 产品包括 PC 端、移动端、Web 端 3 部分,通过 BIM 云进行协同管理。

1)BIM5D PC 端

BIM5D PC 端是通过软件新建项目生成的工程,可以提供给技术员、预算员等人员使用,在施工准备阶段,可以集成不同专业模型,进行进度关联、施工工程量和资源测算,主要应用于施工准备阶段。

2)BIM5D 移动端

BIM5D 移动端包括生产进度、质量、安全、构件跟踪、知识库五大模块应用,可以查看施工图纸及施工相册,主要提供给施工员、质安员等人员在现场使用,具有质量、安全、进度信息采集功能,还包括通过二维码扫描,在施工现场就能获取 BIM5D 中的构件信息,关联施工工艺、质量要求说明等文档。

3)BIM5D Web 端

BIM5D Web 端是需要先将 PC 端建立的项目升级到协同版后绑定到云空间,然后通过访问 BIM 云,进行 BIM5D 项目列表选择协同项目后,单击进入查看的 Web 端界面,包括项目概况、浏览模型、生产进度、构件跟踪、质量管理、安全管理、成本分析、项目资料、系统设置、大屏显示等模块应用,服务于项目经理、总工、生产经理、企业管理者,将 BIM5D 电脑端和移动端的信息汇总成项目整体的进度、成本、质量、安全,便于管理者了解项目的整体情况。

4)BIM 云

基于 BIM 云服务是三端之间进行数据存储和交互的平台,保证三端之间数据传递分享的实时性、准确性与有效性。BIM5D 基于三端一云服务、实现多部门多岗位协同 BIM 应用、为施工企业项目基于 BIM 技术创造更大的效益,如图 1.4 和图 1.5 所示。

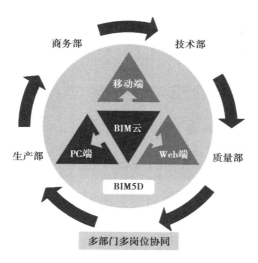

图 1.4   BIM5D 三端一云

BIM基础准备	BIM技术应用	BIM商务应用	BIM生产应用	BIM质安应用	BIM项目BI应用
•基础信息 •模型整合	•三维交底 •专项方案查询 •排砖 •资料关联 •工艺工法库	•GFC应用 •成本挂接 •变更管理 •资金、资源曲线 •进度报量 •合约管理	•流水段划分 •任务跟踪 •模型进度挂接 •工况设置/进度跟踪 •在场机械统计 •施工/工况模拟 •进度对比分析 •物料跟踪 •物资提量	•质量安全跟踪 •安全定点巡视 •质量/安全整改通知单 •质量安全大数据分析	•借助企业看板分析质量、安全、生产、商务目前状态、与预期的差距、针对存在的问题提出解决方案

图 1.5   BIM5D 业务模块及内容

1.4.2   模型集成原理及来源

BIM5D 系统是基于 BIM 模型的集成应用平台,通过三维模型数据接口集成土建、钢结构、机电、幕墙等多个专业模型,并以 BIM 集成模型为载体,将施工过程中的进度、合同、成本、工艺、质量、安全、图纸、材料、劳动力等信息集成到同一平台,利用 BIM 模型的形象直观、可计算分析的特性,为施工过程中的进度管理、现场协调、合同成本管理、材料管理等关键过程及时提供准确的构件几何位置、工程量、资源量、计划时间等,帮助管理人员进行有效决策和精细管理,减少施工变更,缩短项目工期、控制项目成本、提升质量。

BIM5D 围绕模型中心、数据中心及应用中心,为项目的进度、成本、物料管控等提供精确模型与准确数据,助力管理人员实现项目精细化管理,具体如图 1.6 所示。

BIM5D 基于模型中心,可支持导入 Revit、Tekla、GCL、GGJ、GQI、GMJ、GSL、ArchiCAD、MagiCAD、igms、3ds、IFC 等格式的多专业模型、场地模型及措施机械模型,如图 1.7 所示。

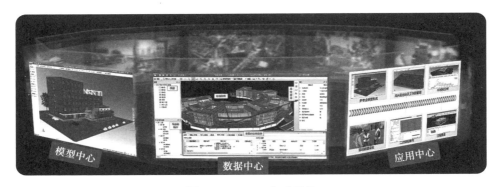

图 1.6　BIM5D 集成系统

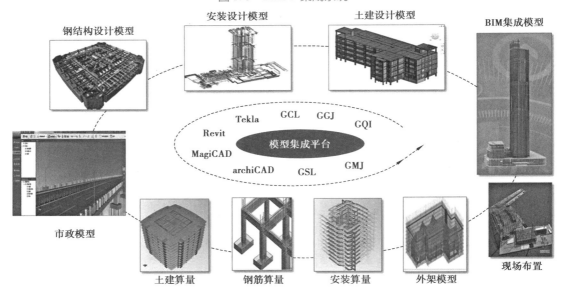

图 1.7　BIM5D 模型中心

1) **建筑模型**

建筑专业 BIM 设计阶段模型传递至 BIM 施工阶段有 3 种方式,当 BIM5D 平台偏重及时应用及方案模拟时,可采用第一种导入方式,如 Revit 建立 BIM 设计模型导出 E5D 格式文件(需安装 E5D 插件)可直接进入 BIM5D 平台进行应用。当 BIM5D 平台偏重商务应用及对工程计量及成本价格有严格要求时,可采用第二种导入方式,如 Revit 建立 BIM 设计模型可以导出 GFC 格式(需安装 GFC 插件),GFC 格式文件可在造价招投标阶段通过广联达 BIM 土建算量软件 GTJ 2021 进行承接。在此模型基础上完善、修改模型、套取清单定额形成造价招投标阶段 BIM 模型,并导出 IGMS 格式模型文件在 BIM5D 平台中导入使用;当在 BIM5D 平台需要把多种国际软件做出的 BIM 模型文件进行融合时,可采用第三种方式导入,如 Revit/Bentley/ArchiCAD 等国际主流设计软件建立的建筑模型可导出 IFC 国际通用标准格式文件,导入 BIM5D 平台中进行模型集成。为保证模型不同阶段修改和完善效率,需要在前期建模过程中掌握并应用 BIM 建模规范。

2）机电模型

设计阶段机电专业 BIM 模型可通过 Revit Mep 或 Magicad for CAD 平台及 Magicad for Revit 平台建立，具体导入方式与建筑模型相同，均需要掌握应用 BIM 建模规范。为满足在 BIM5D 平台中集成多专业模型，建筑与机电 BIM 模型楼层高度、楼层标高及水平插入基准点均需保持一致，建议统一使用建筑标高。

3）结构及钢结构模型

可通过广联达 BIM 钢筋算量软件 GTJ 2021 建立结构模型，导出 igms 格式文件，进入 BIM5D 平台。钢结构模型可通过 Tekla 钢结构设计软件建立 BIM 模型，导出 IFC 格式文件，进入 BIM5D 平台。

4）场地模型

BIM 场地模型是基于施工的不同阶段建立的三维可视化、可计量模型，并能够直观、立体地反映施工现场布置是否合理。BIM 场地模型可通过广联达 BIM 施工现场布置软件建立不同施工阶段 BIM 场地模型，导出 igms 格式文件，进入 BIM5D 平台，并结合不同施工阶段应用。

BIM5D 基于数据中心，以集成模型为载体，可在平台上导入进度、合同、成本、质量、安全、图纸、物料等信息进行关联，如图 1.8 所示。

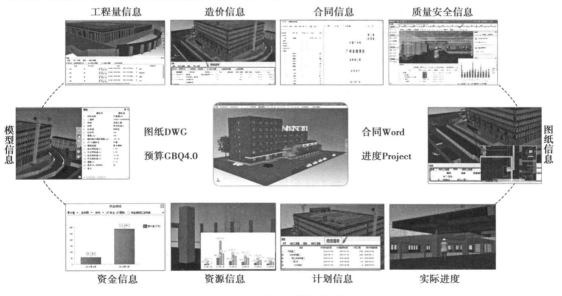

图 1.8　BIM5D 信息集成

BIM5D 基于应用中心，以模型与数据结合为基础，可围绕技术、商务、生产、质安等多部门、多岗位实现协同应用。

1.4.3　成本集成原理及来源

成本的把控对项目至关重要，它直接影响项目各参与方的投入与收益，因此项目参与方都将其视为一项重要的管理工作。对于施工方进行成本管控是通过加强对影响施工成本的各种因素进行管理,并采取各种有效措施,将施工中实际发生的各种消耗和支出严格控制在成本计划范围内,随时揭示并及时反馈,严格审查各项费用是否符合标准,计算实际成本和计划成本之间的差异并进行分析,进而采取多种措施,消除施工中的损失浪费现象,最终实现经济效益的过程。

成本管控贯穿于项目从投标阶段开始直至竣工验收的全过程,需按动态控制原理对实际施工成本的发生过程进行有效控制。BIM 技术的发展应用,为项目成本管理工作提供了新的思路和方法,也带来了便捷。

BIM5D 根据整个项目不同阶段的资金资源消耗情况来校核计划的合理性,可以根据进度,编制劳动力、材料、机械的需用计划表。BIM5D 软件支持.xlsx、.GBQ4、.GBQ5、.GZB4、.GTB4、.TMT、.EB3 格式合同预算和成本预算的导入,为模型清单与预算清单匹配提供接口,支持软件商务数据的提取和调用。导入 Excel 时,建议将分部分项工程量清单、可计量措施清单、总价措施项 3 种清单一起导入,或者将分部分项工程量清单+可计量措施清单/分部分项工程量清单+总价措施项一起导入。这样将会合并为一份预算文件,在后续总价措施关联时,可以将清单关联到总价措施项下。否则,清单将关联不到总价措施项下。当预算书有变更时,需用新预算书替换旧预算书。若更新的预算文件中清单的编码、名称、项目特征、单位不变,仅单价变化,则无须重新进行清单匹配,已做的清单匹配记录自动保留。

BIM 模型与成本集成可以实现快速算量,使精度提升。传统报量方式大多为文字描述完成工程量,然后手动计算各专业完成情况,汇总计算形成汇总表。利用 BIM 数据报量的方式只需按照上次报量情况,选择工作时间段,即可生成工程量清单,大大提高了报量效率和精度。通过建立 5D 关联数据库,可以准确快速地计算工程量,提升施工预算的精度与效率。由于 BIM 数据库的数据粒度达到构件级,可以快速提供支撑项目各条线管理所需的数据信息,有效提升施工管理效率。

BIM 模型与成本集成可以实现软件自动对模型量进行统计,减少浪费。模型建立越精确,系统自动统计量的精度越高,利用模型,几乎可以对全部材料量进行统计,实现工程量统计与限额领料控制。整合全部模型量,用户可生成项目材料控制的"BIM 量",BIM 量与 GCL量对比,生成控制量,再加上与工长手工算量的审核控制,形成了本项目的物资提料流程(限额领料)。施工企业精细化管理很难实现的根本原因在于海量的工程数据,无法快速准确获取以支持资源计划,致使经验主义盛行。而 BIM 的出现可以让相关管理人员快速准确地获得工程基础数据,为施工企业制订精确人、材计划提供有效支撑,大大减少了资源、物流和仓储环节的浪费,同时也为实现限额领料、消耗控制提供技术支撑。

BIM 模型与成本集成可以进行多算对比,以实现项目有效管控。项目管理的基础就是工程基础数据的管理,及时、准确地获取相关工程数据就是项目管理的核心竞争力。BIM 数据库可以实现任一时点上工程基础信息的快速获取,通过合同、计划与实际施工的消耗量、分项单价、分项合价等数据的多算对比,分析施工计划各阶段劳务和材料合理性,为每季、月、周初分析当期物资需求情况,有效了解项目运营盈亏,消耗量是否超标,分包单价有无失控等问题,实现对项目成本风险的有效管控。

1.4.4　进度计划集成原理及来源

进度计划的编制是为了实现最优工期,多、快、好、省地完成施工任务,确定各个施工进程的施工顺序、施工持续时间及相互衔接和合理配合关系,从而确定劳动力和各种资源需要量计划。进度计划管理是一个动态、循环、复杂的过程,也是一项效益显著的工作。BIM 技术的应用可以快速进行进度计划的编制、优化调整和过程中的进度控制,从而实现高效管理。

常见的进度计划表现形式主要有横道图法和网络图法。横道图又称甘特图,是以图示的方式通过活动列表和时间刻度形象地表示出任何特定项目的活动顺序与持续时间。横道图的优点是简单、明了、直观,易于编制,因此仍然是小型项目中常用的工具。即使在大型工程项目中,它也是高级管理层了解全局、基层安排进度时的有用工具。横道图的缺点是不能全面准确地反映出各项工作之间的逻辑关系,不能进行参数计算确定关键工作。

网络图是由箭线和节点按照一定规则组成的、用来表示工作流程的、有向有序的网状图形。实际工程为了清楚地展示各项工作之间的关系,便于调整进度计划,多采用网络计划图编制进度计划。网络图法的优点是能全面明确地反映各工序间的制约与依赖关系,通过计算,能找出关键工作和关键线路,便于管理人员抓主要矛盾,便于资源调整和利用计算机管理与优化。但是网络图法的缺点是不能清晰地反映流水情况、资源需要量的变化情况等。

在施工进度计划实施过程中,要执行施工合同对开工及延期开工、暂停施工、工期延误及工程竣工的承诺,跟踪进度对工程量、产值、耗用人工、材料和机械台班等的数量进行统计,编制统计报表,处理进度索赔,实施分包计划等。这些工作都需要充分掌握进度计划及其落实情况,才能有效进行。将施工进度计划写入 BIM 信息模型,将空间信息与时间信息整合在一个可视的 4D 模型中,就可以直观、精确地模拟整个建筑的施工过程。提前预知本项目主要施工的控制方法、施工安排是否均衡,总体计划、场地布置是否合理,工序是否正确,并可以进行及时优化。

传统项目技术部进行进度计划的编制,技术员进行进度计划的跟踪和维护,发现进度问题到调整往往需要一定的周期,影响项目进度的实施,借助 BIM 技术进行进度与模型挂接,可以及时了解项目不同进度的情况,便于管控。目前项目常用的进度计划编制软件有 Project、P6 等,为了不改变项目上技术部人员的操作习惯,降低项目对人员培养的投入和软件的费用投入,BIM5D 兼容了主流的进度计划编制软件 Project 及斑马进度计划,通过在 BIM5D 平台集成进度可以进行施工过程模拟。集成的进度计划可以通过 BIM5D 平台直接打开 Project/斑马进度计划,并可以进行再次编辑,编辑后能够自动保存回传到 BIM5D,实现实时调整和更新,方便快捷。

为了保证集成的进度计划与模型文件有效挂接,导入进度计划在编制时需要保证逻辑关系的准确性,任务名称及内容尽量与 BIM 模型构件一致,保证关联的精确性,BIM5D 平台支持导入 Project/斑马软件编制的进度计划进行进度模拟,并可以汇总劳动力需求计划,根据情况进行进度计划的优化。将模型、施工段和施工进度计划进行关联,可以进行各施工段的施工进度模拟,并可按时间、流水段等多维度方便快速查询工程量。手机端进行拍照录入,实现虚拟模型和实际现场进度对照,进行实际校核,让进度更加可控。为了适应作业面上不稳定的网络环境,可离线进行现场数据的采集,在接通网络后进行云端数据同步,并可通过工作面维度进行实际进度的查看,同时进行进度管理,实时进行进度分析,提醒延迟和可能延迟,项目可提前采取措施,避免工期延迟,掌控项目的进展,把控项目工期。

随时随地直观快速地将施工计划与实际进展进行对比,同时进行有效协同,让施工方、监理方、业主对工程项目的各种问题和情况了如指掌。通过 BIM 技术结合施工方案、施工模拟和现场视频监测可大大减少工程质量问题、安全问题,减少返工和整改。采用 BIM 模型与现场实际进行对比汇报,保证现场进度管理的直观性和可控性。BIM5D 提供了非常有特色的多视口功能,方便用户通过 BIM 模型形象地展示项目的进展情况,软件可以进行自动进度偏差分析和标记,可以查看每个时间点的完成情况和本期新的进展情况,便于了解各阶段的赶工和延误情况。

【学习测试】

一、单选题

1.企业为扩大生产能力或新增效益而增建的生产车间或工程项目,以及事业和行政单位增建业务用房等,属于(　　　)项目。

　A.迁建　　　　　B.改建　　　　　C.扩建　　　　　D.新建

2.以下属于按建设性质分类的是(　　　)。

　A.新建项目、扩建项目、改建项目、迁建项目、恢复项目

　B.房屋建筑与装饰工程、仿古建筑工程、市政工程等工程

　C.大型、中型、小型项目

　D.生产性建设项目和非生产性建设项目

3.(　　　)是指具有单独的设计文件,可独立组织施工和竣工验收,建成后能够独立发挥生产能力和使用效益的工程。

　A.建设项目　　　B.单项工程　　　C.单位工程　　　D.分部工程

4.项目可行性研究报告是项目建设(　　　)阶段的成果。

　A.前期策划　　　B.设计和计划过程　C.施工阶段　　　D.结束阶段

5.业主方项目管理的目标中,进度目标是指(　　　)的时间目标。

　A.项目动用　　　B.竣工验收　　　C.联动试车　　　D.保修期结束

二、多选题

1.(　　　　　)属于建设工程项目管理任务。

　A.组织协调　　　　　　　　　B.安全管理

　C.环境管理　　　　　　　　　D.物业管理

　E.合同管理

2.施工方项目管理的任务包括(　　　　　)。

　A.项目的进度管理　　　　　　B.施工的质量控制

　C.施工的信息管理　　　　　　D.施工的成本控制

三、问答题

　　1.施工项目管理过程及内容是什么？

　　2.BIM 在施工管理中的应用价值有哪些？

　　3.BIM5D 三端一云应用指的是什么？

【知识拓展】

拓展 1：

　　BIM 技术在北京冬季奥运村人才公租房项目一标段工程装配式钢结构住宅施工中应用方法（扫码阅读）

拓展 2：

　　BIM5D 技术在江南大厦施工全过程管理中的应用（扫码阅读）

第 2 章　基于 BIM 的进度管理应用

【教学载体】

广联达员工宿舍楼工程

【教学目标】

1.知识目标

(1)掌握施工段的概念；

(2)掌握流水施工的原理；

(3)掌握进度计划关联的原理与方法；

(4)掌握进度计划比较的方法。

2.能力目标

(1)能熟练应用 BIM5D 软件划分施工段；

(2)能熟练运用 BIM5D 软件进行进度计划关联；

(3)能熟练运用 BIM5D 软件进行进度计划对比分析。

3.素质目标

(1)培养理论结合实践的应用能力；

(2)提升相应的职业技能技术及工程项目管理能力。

4.思政目标

(1)培养注重实践的务实意识；

(2)提升专业爱岗的奉献精神。

【思维导图】

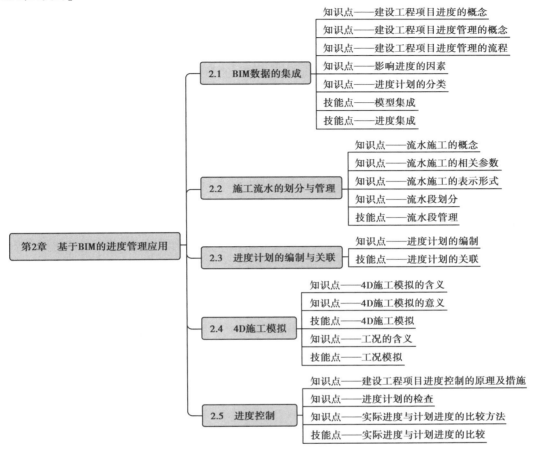

2.1　BIM 数据的集成

根据 BIM 中级职业技能标准,要掌握运用模型进行施工动态管理的方法,将模型与安全、质量、进度、成本等因素进行关联,基于施工进度进行施工工序的模拟,这就要求学习者在掌握工程项目进度管理原理的基础上,能够准确地将模型与进度计划挂接,并在此基础上进行安全、质量、成本的分析。

2.1.1　知识点——建设工程项目进度的概念

进度通常是指工程项目实施结果的进展情况,也就是指活动顺序、活动之间的相互关系、活动持续时间和过程的总时间。

在现代工程项目管理中,已将工程项目质量、工期、成本有机地结合了起来,形成了一个综合指标,能全面反映项目的实施状况。工程活动包括项目结构图上各个层次的单元,上至整个工程项目,下至各个具体工作单元或工序。项目进度状况通常是通过各个工序活动逐层统计汇总计算得到的。

2.1.2 知识点——建设工程项目进度管理的概念

建设工程项目管理有多种类型,代表不同利益方的项目管理(业主方和项目参与各方)都有进度控制的任务,但是其控制的目标和时间范畴并不相同。

BIM 进度管理主要是指对工程项目建设阶段的工作程序和持续时间进行规划实施、检查、调整等一系列的活动。具体来说,工程项目的进度控制是指对各个建设阶段的工作内容、工作程序、持续时间和衔接关系来编制计划并付诸实施,在实施过程中经常检查实际进度是否按计划要求进行,对出现的偏差分析原因,采取补救措施或调整、修改原计划,直至竣工、交付使用。

在 BIM5D 中进行的工程项目进度管理主要是基于施工阶段的进度管理,其主要内容是进度计划的跟踪检查与调整。施工方进度控制的任务是根据施工任务委托合同对施工进度的要求来控制施工进度。

进度管理的最终目的是进度目标的实现,工程项目进度管理的总目标是实现建设项目的工期目标。

2.1.3 知识点——建设工程项目进度管理的流程

建设工程项目是在动态条件下实施的,因此进度控制也就必须是一个动态的管理过程,其包括:

①进度目标的分析和论证,其目的是论证进度目标是否合理,进度目标有否可能实现。如果经过科学的论证,目标不可能实现,则必须调整目标。

②在收集资料和调查研究的基础上编制进度计划。

③进度计划的跟踪检查与调整,包括定期跟踪检查所编制进度计划的执行情况,若其执行有偏差,则采取纠偏措施,并视必要调整进度计划。

在项目实施过程中,应掌握动态控制原理,不断进行检查,利用 BIM 软件将进度实施情况与计划进行对比,分析偏差原因,然后采取措施。措施的确定有两个原则:

①采取措施,维持原进度计划,使其正常实施。

②采取措施后,不再按原计划进行,而是调整原进度计划,再按新的进度计划实施。

2.1.4 知识点——影响进度的因素

1)影响进度的因素

影响进度的因素可归纳为人为因素、技术因素、材料、设备与构配件的因素、机具、水文、地质、气象等其他环境和社会因素,以及其他难以预料的因素。

2)产生干扰的原因

①错误估计了工程项目的特点及项目实施的条件。

②项目决策、筹备与实施中各有关方面工作上的失误。

③不可预见时间。

2.1.5　知识点——进度计划的分类

进行进度管理的重要文件是进度计划,根据进度计划的作用可分为控制性、指导性和实施性进度计划。

控制性进度计划按分部工程来划分施工过程,控制各分部工程的施工时间及其相互搭接配合关系。其不仅适用于工程结构较复杂、规模较大、工期较长而需跨年度施工的工程(如宾馆、体育场、火车站候车大楼等大型公共建筑),还适用于虽然工程规模不大或结构不复杂但各种资源(劳动力、机械、材料等)不落实的情况,以及建筑结构等可能变化的情况。

指导性进度计划按分项工程或施工工序来划分施工过程,具体确定各施工过程的施工时间及其相互搭接、配合关系。其适用于任务具体而明确、施工条件基本落实、各项资源供应正常及施工工期不太长的工程。

实施性进度计划是用于直接组织施工作业的计划,包括月度施工计划和旬施工作业计划。旬施工作业计划是月度施工计划在一个旬中的具体安排。实施性施工进度计划的编制应结合工程施工的具体条件,并以控制性施工进度计划所确定的里程碑事件的进度目标为依据。

2.1.6　技能点——模型集成

根据 BIM 中级职业技能标准,要熟练掌握 BIM 模型相关数据的导入导出。基于 BIM5D 软件进行施工管理,首先要进行的是把各类建筑模型在软件中集成。

1)工程的新建/打开/保存

(1)新建工程

第一步:打开软件,在软件新建界面单击"新建项目"功能新建一个工程,如图 2.1 所示。

图 2.1　"新建项目"界面

第二步：在新建项目中输入工程名称"员工宿舍楼"，设置保存路径，单击完成，如图 2.2 所示。

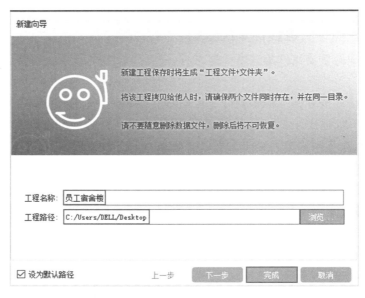

图 2.2 "新建向导"界面

（2）打开工程

第一步：打开软件，在软件新建界面单击"打开工程"选项，如图 2.3 所示。

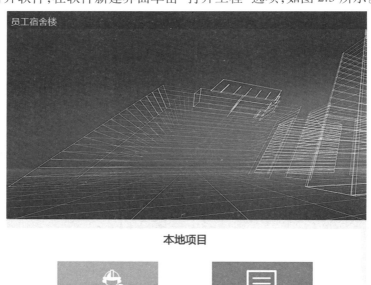

图 2.3 打开项目

第二步：选择项目的保存位置，选中要打开的工程，单击"打开"，即可打开一个已经建好的工程，如图 2.4 所示。

图 2.4 打开工程

BIM5D 软件可以打开*.B5D 和*.P5D 格式的文件。

（3）保存工程

保存工程可以通过以下两种途径实现：

①方法一：

第一步：在软件主界面单击"BIM5D"选项，如图 2.5 所示。

第二步：单击"保存/另存为…"，项目可保存为*.B5D 格式，如图 2.6 所示。

图 2.5 BIM5D 界面　　　　　　　　　　　　　　　　图 2.6 保存项目

②方法二：单击导出 5D 工程包，项目即保存为*.P5D 格式，如图 2.7 所示。

图 2.7　导出 5D 工程包

2）模型导入

第一步：切换至"数据导入"模块，单击"模型导入"，选择"实体模型"后单击右上角"添加模型"功能按键，如图 2.8 所示。

图 2.8　添加模型 1

第二步：找到模型文件夹，选择模型文件夹中的土建模型文件、钢筋模型文件，单击"打开"选项，确定标高体系、单体、单体匹配等信息后，单击"导入"，如图 2.9—图 2.11 所示。

注意：不同专业的模型要在不同模块下导入，此处导入的是土建模型和钢筋模型，均属于实体模型，所以在实体模型下单击"模型导入"。当导入场地模型时，应切换到场地模型下单击"模型导入"；当导入机电模型时应切换到机电模型下单击"导入"。

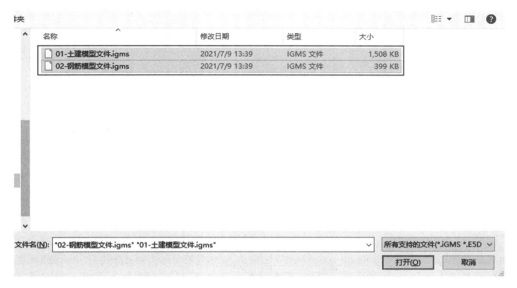

图 2.9　添加模型 2

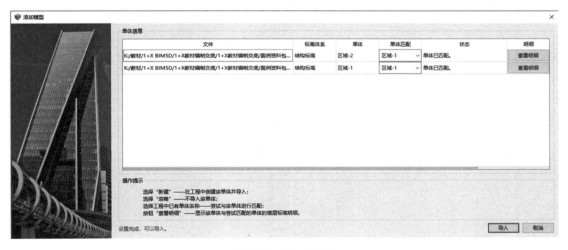

图 2.10　添加模型 3

图 2.11　添加模型 4

3）其他操作

" 模型整合 "：当建筑模型既有实体模型，又有场地模型时，需要将两种模型进行整合。模型整合时需要选择一个基准点，通过旋转和移动的方式将两种模型整合。

" 新建分组 新建下级分组 "：有多个模型时，为方便管理可以新建分组，双击即可修改分组的名称。

" "：模型删除、上移、下移。

2.1.7　技能点——进度集成

进度计划导入步骤如下所述。

单击"施工模拟"导航栏，单击"导入进度计划"，在文件夹中找到员工宿舍楼的进度计划，单击"打开"后再单击"确定"，如图 2.12 所示，导入的进度计划如图2.13—图 2.15 所示。

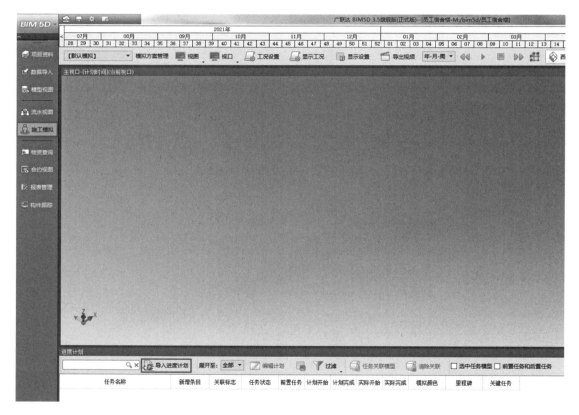

图 2.12　导入进度计划 1

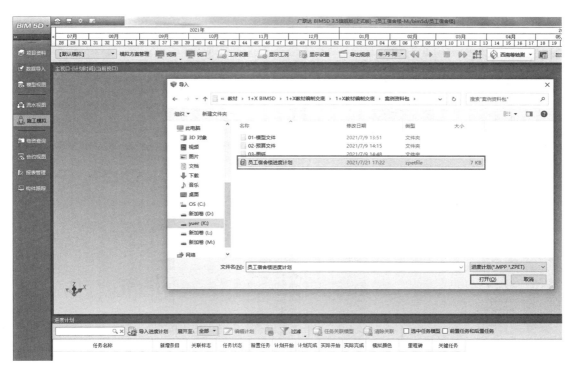

图 2.13　导入进度计划 2

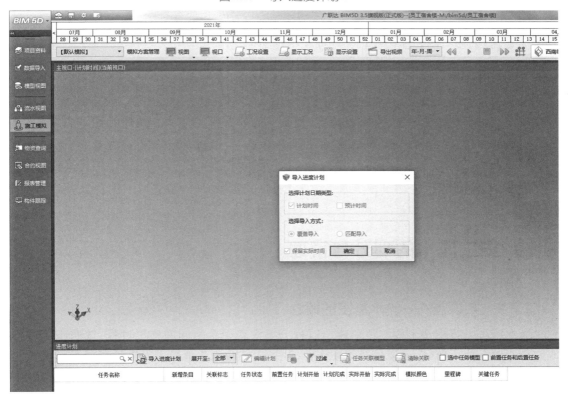

图 2.14　导入进度计划 3

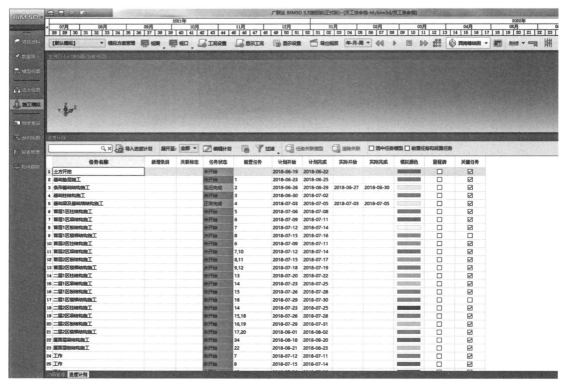

图 2.15　导入进度计划 4

注意:施工模拟的其他操作将在任务 4 中详细描述。

【任务总结】

①基于 BIM 的工程项目管理,首先要把各种模型在软件中进行集成、匹配,包括实体模型、场地模型、机械模型、进度模型、预算模型等,这是进行工程管理的基础。

②实体模型、场地模型、机械模型、预算文件在"数据导入"中导入,进度模型在"施工模拟"中导入。

2.2 施工流水的划分与管理

2.2.1　知识点——流水施工的概念

流水施工是将拟建工程的整个建造过程分解为若干个不同的施工过程,按照施工过程成立相应的专业工作队,采取分段流动作业,并且相邻两专业队最大限度地搭接平行施工的组织方式。每个施工过程的施工班组从第一个工程对象开始,连续地、均衡地、有节奏地一个接一个,直至完成最后一个工程对象的施工任务。不同的施工过程,按照工程对象的施工工艺要求先后相继投入施工,并且尽可能相互搭接平行施工。

【知识拓展】

施工组织方式

施工组织方式有 3 种,分别是依次施工、平行施工、流水施工。

1)依次施工

依次施工又称顺序施工,是按照建筑工程内部各分项、分部工程内在的联系和必须遵循的施工顺序,不考虑后续施工过程在时间上和空间上的相互搭接,而依照顺序组织施工的方式。依次施工是前一个施工过程完成后,下一个施工过程才能开始。一个过程全部完成后,另一个工程的施工才能开始。

依次施工的特点:

(1)各专业队不能连续作业,有时间间歇。

(2)若成立一个工作队独立完成所有施工过程,既不能实现专业化施工,又不利于提高工程质量和劳动生产率。

(3)在施工过程中,由于工作面的影响可能造成部分工人窝工。

依次施工的特点就是用少量的人在大量的时间内完成任务。正是这些原因使依次施工组织方式的应用受到限制。

2)平行施工

平行施工是将同类的工程任务,组织几个工作队,在同一时间、不同空间上完成同样施工任务的施工组织方式。

一般在拟建工程任务十分紧迫、工作面允许及资源保证供应的条件下,可采用平行施工组织方式。

平行施工的特点:

(1)采用平行施工组织方式,可以充分地利用工作面,争取时间、缩短施工工期。

(2)单位时间内投入施工的劳动力、材料和机具数量成倍增长,不利于资源供应的组织工作(人多力量大)。

(3)现场临时设施相应增加,施工现场组织、管理复杂。

(4)与依次施工组织方式相同,在平行施工组织方式中,工作队也不能实现专业化生产,不利于提高工程质量和劳动生产率(欲连续则无法专业化,欲专业化则无法连续)。

3)流水施工

此处略,详见教材正文。

2.2.2　知识点——流水施工的相关参数

要理解施工进度计划,就要先理流水施工的主要参数,主要包括工艺参数、空间参数和时间参数。

1)工艺参数

在组织流水施工时,用以表达流水施工在施工工艺上开展顺序及其特征的参数,称为工艺参数,主要指施工过程数。施工过程数是指参与一组流水的施工过程的数目,用符号"n"

来表示。施工过程划分的数目多少、粗细程度一般与下列因素有关：

①施工计划的性质和作用。

②施工方案及工程结构。

③劳动组织及劳动量大小。

④劳动内容和范围。

2）空间参数

在组织流水施工时，用以表达流水施工在空间布置上所处状态的参数，称为空间参数。空间参数主要有工作面、施工段数和施工层数。

（1）工作面

在组织流水施工时，某专业工种所必须具备的一定的活动空间，称为该工种的工作面。例如，砌 240 砖墙，每个技工的工作面不小于 8.5 m/人。

（2）施工段数

在组织流水施工时，通常把拟建工程划分为若干个劳动量大致相等的区段，这些区段称为"施工段"，又称"流水段"，一般用"M"表示。划分施工段的原则：

①各施工段所消耗的劳动量应大致相等，其相差幅度不宜超过±15%。

②施工段的数目要适宜。

③施工段划分界线尽量与施工对象的结构界限相一致。

④多层施工项目，尽可能使 $M_0 \geq N$（N 为施工队伍数）。

（3）施工层数

对一些多层或高层建筑，为了组织流水施工，除了在平面上划分施工段外，还需要把施工对象在垂直方向上逐层划分垂直施工区段，这种在层内的垂直施工区段称为施工层。

施工层的划分是按两种不同的需要决定的：其一，是为了组织垂直方向的平行作业，因此可以充分利用空间，缩短工期，故对此应尽可能多地划分施工层次；其二，是受施工条件的限制，如砌墙、抹灰、挖土、浇灌混凝土等作业，因其受一次（层）能施工的高度、深度和厚度的限制而需分层进行，使工期延长，故对此应尽可能少地划分施工层次。

【知识拓展】

如多层建筑物的施工，则施工段数等于单层划分的施工段数乘以该建筑物的施工层数。即：

$$M = M_0 \times 施工层数 \quad （M_0 表示每一层划分的施工段数）$$

[例] 某 8 层的一个公寓楼，主体施工时，每层划分为 2 个施工段，则该主体分部工程共多少施工段？

$$M = M_0 \times 施工层数 = 2 \times 8 = 16（段）$$

3）时间参数

在组织流水施工时，用以表达流水施工在时间排列上所处状态的参数，称为时间参数，包括流水节拍、流水步距、平行搭接时间、技术间歇时间、组织间歇时间、工期等。

(1)流水节拍

流水节拍是指从事某施工过程的施工班组在一个施工段上完成施工任务所需的时间，用符号 t 来表示。

【知识拓展】

[例]　某 6 层砖混结构住宅，室内抹灰共用 60 天，已知每层分为 2 个施工段，问抹灰流水节拍为多少？

$$t = \frac{60}{12} = 5（天）$$

确定流水节拍的要点：

①施工班组人数应符合施工过程最少劳动组合人数的要求。

②要考虑工作面的大小或某种条件的限制。

③要考虑各种机械台班的效率(吊装次数)或机械台班产量的大小。

④要考虑各种材料、构件等施工现场堆放量、供应能力及其他有关条件的制约。

⑤要考虑施工及技术条件的要求。

⑥确定一个分部工程各施工工程的流水节拍时，首先应考虑主要的、工程量大的施工工程的节拍(其节拍最大，对工程起主要作用)，其次确定其他施工工程的节拍值。

⑦节拍值一般取整数，必要时可保留 0.5 天(台班)的小数值。

(2)流水步距

在流水施工中，相邻两个施工班组先后开始进入施工的时间间隔，称为流水步距，通常以 $K_{i,i+1}$ 表示(i 表示前一个施工过程，$i+1$ 表示后一个施工过程)。一般也取 0.5 天的整数倍。

当施工过程数为 n 时，流水步距共有 $n-1$ 个。

确定流水步距的基本要求是：

①技术间歇的需要。

②施工班组连续施工的需要。

③保证每个施工段的正常作业程序，不发生前一施工过程尚未完成，而后一个施工过程就提前介入的现象。

④组织间歇的需要。

在流水施工中，如同一施工过程在各施工段上的流水节拍相等，则各相邻施工过程之间的流水步距可按下式计算：

$$K_{i,i+1} = t_i + (t_j - t_d) \qquad （当 t_i \leqslant t_{i+1}）$$
$$K_{i,i+1} = mt_i - (m-1)t_{i+1} + (t_j - t_d) \qquad （当 t_i > t_{i+1}）$$

(3)平行搭接时间

在组织流水施工时，有时为了缩短工期，在工作面允许的条件下，如果前一个施工队完成部分施工任务后,能够为后一个施工队提供工作面,后者提前进入前一个施工段,两者在同一施工段上平行搭接施工。这个搭接的时间称为平行搭接时间,通常用 $C_{j,j+1}$ 来表示。

（4）技术间歇时间

技术间歇时间是指流水施工中某些施工过程完成后需要有合理的工艺间歇（等待）时间。技术间歇时间与材料的性质和施工方法有关。如设备基础,在浇筑混凝土后,必须经过一定的养护时间,使基础达到一定强度后才能进行设备安装;又如设备涂刷底漆后,必须经过一定的干燥时间才能涂面漆等。技术间歇时间通常用 $Z_{j,j+1}$ 来表示。

（5）组织间歇时间

组织间歇时间是指流水施工中某些施工过程完成后要有必要的检查验收或施工过程准备时间。如一些隐蔽工程的检查、焊缝检验等。组织间歇时间用 $G_{j,j+1}$ 来表示。

（6）工期

工期是指为完成一项工程任务或一个流水组施工所需的全部工作时间。一般用 T 表示。

2.2.3　知识点——流水施工的表示形式

1）横道图

横道图是一种最简单、运用最广泛的传统的进度计划方法,尽管有许多新的计划技术,但横道图在建设领域中的应用仍非常普遍。

通常横道图的表头为工作及其简要说明,项目进展表示在时间表格上,按照所表示工作的详细程度,时间单位可以为小时、天、周、月等。这些时间单位经常用日历表示,此时可表示非工作时间,如停工时间、公众假日、假期等。根据此横道图使用者的要求,工作可按照时间先后、责任、项目对象、同类资源等进行排序。

横道图可将工作简要说明直接放在横道上,也可将最重要的逻辑关系标注在内,但是,如果将所有逻辑关系均标注在图上,则横道图将丧失简洁性这一明显优势。

横道图可用于小型项目或大型项目的子项目上,或用于计算资源需要量和概要预示进度,也可用于其他计划技术的表示结果。

横道图计划表中的进度线（横道）与时间坐标相对应,这种表达方式比较直观,易看懂计划编制的意图。但是,横道图进度计划法也存在一些问题,如:

①工序（工作）之间的逻辑关系可以设法表达,但不易表达清楚。

②适用于手工编制计划。

③没有通过严谨的进度计划时间参数计算,不能确定计划的关键工作、关键路线与时差。

④计划调整只能用手工方式进行,其工作量较大。

⑤难以适应大的进度计划系统。

2）网络图

网络图是由节点（圆圈）和箭线组成的,用来表示所有的工作内容及其逻辑关系。用网络图形式编制的进度计划称为网络计划。网络图分为单代号网络计划图和双代号网络计划图。

利用网络计划控制工程项目进度,可以弥补横道计划的许多不足。与横道计划相比,网络计划具有以下主要特点:

①网络计划能够明确表达各项工作之间的逻辑关系。

②通过网络计划时间参数的计算,可以找出关键线路和关键工作。关键线路上各项工作持续时间总和即为网络计划的工期,关键线路上的工作就是关键工作,关键工作的进度将直接影响到网络计划的工期。通过时间参数的计算,能够明确网络计划中的关键线路和关键工作,也就明确了工程进度控制中的工作重点,这对提高工程项目进度控制的效果具有非常重要的意义。

③通过网络计划时间参数的计算,可以明确各项工作的机动时间。在一般情况下,除关键工作外,其他各项工作(非关键工作)均有富余时间。这种富余时间可视为一种"潜力",既可用来支援关键工作,也可用来优化网络计划,降低单位时间资源需求量。

网络计划也有其不足之处,比如不像横道计划那么直观明了等,但这可以通过绘制时标网络计划得到弥补。

【知识拓展】

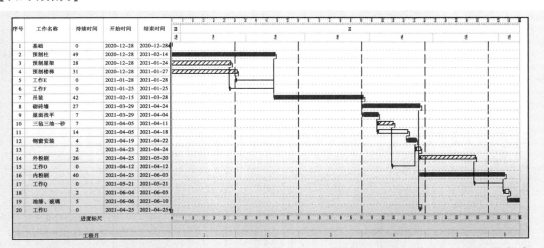

[例] 有 4 幢相同的砖混结构房屋的基础工程,根据施工图设计、施工班组的构成情况及工程量等,其施工过程划分、班组人数及工种构成、各施工过程的工程量、完成每幢房屋一个施工过程所需时间等见表 2.1。

表 2.1 每幢房屋基础工程的施工过程及其工种量等指标

施工过程	工程量/m³	每班工人数/人	施工天数/d	班组工种
基槽挖土	130	10	2	普工
混凝土垫层	38	20	1	普工、混凝土工
砖砌基础	75	30	3	普工
基槽回填土	60	10	1	普工

依次施工组织方式：

施工过程	班组人数/人	1	2	3	4	5	6	7	8	9	10	11	12	13	14	15	16	17	18	19	20	21	22	23	24	25	26	27	28
挖土	10		1		2		3		4																				
垫层	20									1	2	3	4																
基础	30														1			2			3				4				
回填	10																									1	2	3	4
每天工地人数/人		10	10	10	10	10	10	10	10	20	20	20	20	30	30	30	30	30	30	30	30	30	30	30	10	10	10	10	10

平行施工组织方式：

施工过程	班组人数/人	1	2	3	4	5	6	7
基槽挖土	10	1 2 3 4						
混凝土垫层	20			1 2 3 4				
砖砌基础	30				1	2	3 4	
基槽回填土	10							1 2 3 4
每天工地施工人数/人		40	40	80	120	120	120	40

流水施工组织方式：

施工过程	班组人数/人	1	2	3	4	5	6	7	8	9	10	11	12	13	14	15	16	17	18	19
基槽挖土	10		1		2		3		4											
混凝土垫层	20						1	2	3	4										
钢筋混凝土基础	30									1		2			3			4		
基础回填土	10																1	2	3	4
每天工地施工人数/人		10	10	10	10	10	30	60	60	50	30	30	30	30	30	30	40	40	40	10

2.2.4　知识点——流水段划分

1) 合理划分施工流水段的意义

①合理划分施工流水段,可以减少施工劳动力的投入。

②合理划分施工流水段,可以充分发挥施工劳动力效率,避免出现劳动力窝工的现象。

③合理划分施工流水段,是保证施工合同工期的先决条件。

④合理划分施工流水段,是降低施工成本、提高施工效益的有效措施。

⑤合理划分施工流水段,可以保证工程结构的整体性,提高工程质量。

2) 划分施工段应遵循的原则

专业工作队在各个施工段上的劳动量要大致相等,以使施工均衡、连续、有节奏。施工工程量的多少是决定施工工期的主要因素,尤其在施工量大时,合理划分施工量是非常重要的,每段施工工程量的差量过大,在施工人员不增减的情况下,就会导致施工工程量大的施工段任务完成不了;而在施工人员有增减的情况下,就会在施工量小的施工段出现工人窝工,造成人员浪费。

【知识拓展】

施工情况	工程项目	工程量	固定工期						
工程量每段相等、人员不变的情况	墙体砌筑	13 万块	16人	16人	16人	16人			
	顶板模板支设	1 132 m²		20人	20人	20人	20人		
	顶板钢筋绑扎	36 t			6人	6人	6人	6人	
	顶板混凝土浇筑	198 m³				12人	12人	12人	12人
工程量每段不等、人员有变动的情况	墙体砌筑	13 万块	10人	22人	10人	22人			
	顶板模板支设	1 132 m²		15人	25人	15人	25人		
	顶板钢筋绑扎	36 t			4人	8人	4人	8人	
	顶板混凝土浇筑	198 m³				10人	14人	10人	14人

通过上面横道图的对比不难看出,施工流水段工程量不等对施工人数、施工工期有很大的影响。

对多层或高层建筑物,施工段的数目要满足合理流水施工组织的要求,与主要的施工过程相协调,以主导施工过程为主形成工艺组合。工艺组合数应等于或小于施工段数。若施工流水段过多,则可能使工作面狭窄,影响工程的整体性;施工流水段过少,会造成施工不能够形成施工流水,影响施工进度,同时也造成施工人员或机械设备的停歇窝工。

【知识拓展】

分类	工程项目	假定天数/d																	
		1	2	3	4	5	6	7	8	9	10	11	12	13	14	15	16	17	18
施工段数小于施工工艺数	一层墙体钢筋绑扎		1段			2段													
	一层墙体模板					1段			2段										
	一层墙体混凝土							1段			2段								
	二层墙体钢筋绑扎									1段			2段						
	二层墙体模板											1段				2段			
	二层墙体混凝土													1段				2段	
施工段数等于施工工艺数	一层墙体钢筋绑扎	1段		2段		3段													
	一层墙体模板					1段	2段	3段											
	一层墙体混凝土						1段	2段		3段									
	二层墙体钢筋绑扎							1段	2段		3段								
	二层墙体模板								1段	2段		3段							
	二层墙体混凝土											1段	2段		3段				

通过上面的图表不难看出,第一种情况:施工段数小于施工工艺数的施工方法出现专业工种人员的停歇,施工日期较长;第二种情况:施工段数等于施工工艺数的施工方法,主要专业工种人数未出现施工停歇的情况,由此可以看出,组织施工时,必须保证施工流水段数大于等于主要施工工艺组合数,否则会造成不必要的损失,从而提高施工的施工工期、施工成本。

流水段的划分必须充分满足工人、主导施工机械的合理劳动组织的要求,并与机械设备、劳动组织相适应,有足够的工作面。以机械为主的施工对象,还应考虑机械的台班能力,使其功效得以发挥。这一点主要是考虑机械的功效问题。

【知识拓展】

假如某一工程划分的施工流水段较大,每段的施工工程量过大,而一台塔吊每个台班的吊次为80次,完成一段施工的总吊次为1 000吊,要完成一段施工任务所需要的塔吊台班数为12个,而主要施工工艺的总数仅为3个,每段施工仅为3天。由此可以得出:由于塔吊的功效限制条件,将会造成施工工期的延长,施工人员出现窝工的现象。

解决此类问题的方法仅有两种:第一,增加一台施工设备,提高机械的利用功效问题。第二,合理划分施工流水段,使每一个施工流水段的工程量与施工机械的功效、人员组织相适应。可见,第一种方法增加了施工机械的数量,增加了机械的租赁费用,提高了工程造价成本。第二种方法在改变了施工流水段的情况下就解决了此问题,没有提高工程造价,显而易见,第二种方法是最好的解决方法。

　　流水段的划分必须保证工程的结构整体性,施工段的分界线应尽可能与结构的自然界线相一致,尽可能利用伸缩缝或沉降缝,在平面上有变化处以及留茬而不影响质量处。

【知识拓展】

　　例如某项工程,其中,在学生公寓楼的施工流水段划分时就考虑了在结构伸缩缝处进行分段。学生公寓楼结构类型为砖混结构,楼板部位设有连续的圈梁,砌筑墙体和顶板施工均在 11 轴与 12 轴之间的伸缩缝处进行分段,这样分段的好处在于墙体砌筑、顶板模板、钢筋、混凝土施工的独立性。能够满足墙体砌筑、支顶板模板、绑扎顶板钢筋、浇筑顶板混凝土 4 个施工项目顺利地形成流水,达到流水施工的要求。施工分段如图 2.16 所示。

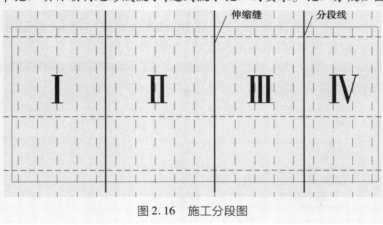

图 2.16　施工分段图

　　对于多层的拟建工程项目,既要划分施工段,又要划分施工层,以保证相应的专业工作队在施工段与施工层之间,组织有节奏、连续、均衡的流水施工。

　　施工方法对施工流水段也有影响。由于市场经济的影响,在建筑市场上竞标得来的工程施工利润越来越小,施工单位不得不在施工投入上进行考虑,尽量提高产品的利用率,降低施工投入,而投入设备方面的减少,必然要求施工流水段的增加。举例说明:以剪力墙为主要承重结构的工程项目,为了保证施工质量,一般采取钢制大模板的施工方法,钢制大模板的强度高、质量好、损耗小,提高了大模板的使用率,然而大模板的一次投入资金也不少,为了减少资金投入,往往就在使用率上动脑筋,通过增加施工流水段的方法满足需求。可见施工方法对施工流水段的划分也存在制约。

2.2.5　技能点——流水段管理

　　流水段需要根据进度计划的要求来定义和划分。定义流水段之前要仔细研读进度计划,明确需要划分几个流水段、在哪里划分等问题。

1)视图介绍

　　流水段的管理在"流水视图"模块中的"流水段定义"中进行。

　　" 展开至 全部 ":控制流水段的显示级数,可通过右侧的下拉箭头选择。

　　" 新建同级 ":选中某一级别,单击该命令可以新建同级。

"🖼新建下级":选中某一级别,单击该命令可以新建下级。

"🖼新建流水段":选中某一级别,单击该命令可以在该级下新建一个流水段。

"🖼编辑流水段":选中一个流水段,单击该命令可以打开流水段编辑窗口,进行该流水段的编辑。

"🖼取消关联":选中一个流水段,单击该命令可以取消该流水段的关联信息。

"🖼复制到":选中一个流水段,单击该命令可以将该流水段的定义、关联信息等复制到其他流水段。

"🖼上移 🖼下移":选中一个流水段,实现该流水段在该级别内的上移或下移。

"🖼导出Excel":将流水段列表导出 Excel。

2)流水段定义

第一步:打开软件,"流水视图"模块中,选择"流水段定义",单击"新建同级"选项,在类型中选择"单体",选择"区域-1"后单击"确认",如图 2.17 所示。

图 2.17 新建单体

第二步:单击"新建下级"选择"专业",勾选专业列表中"土建""钢筋"专业后单击"确定",如图 2.18 所示。

第三步:单击"土建",单击"新建下级"选择"楼层"列表,将所有楼层选中,同时勾选"应用到其他同级同类型节点"后单击"确定",如图 2.19 所示。

注意:在新建流水段时,按照"单体"→"专业"→"楼层"的顺序建立。

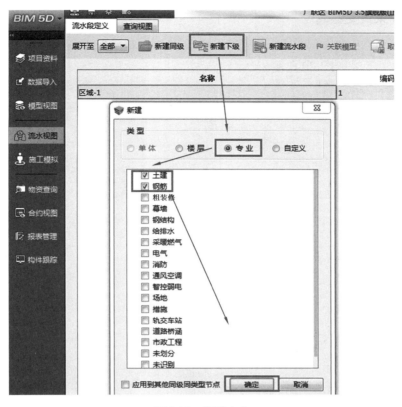

图 2.18　新建专业

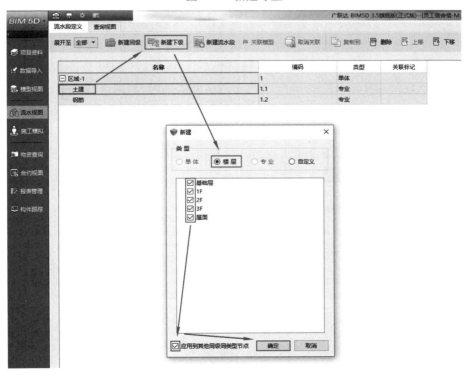

图 2.19　新建楼层

3）新建流水段及命名

第一步：选择"基础层"，单击"新建流水段"，即可在基础层下新建出一个流水段，默认命名为"流水段 1"，如图 2.20 所示。

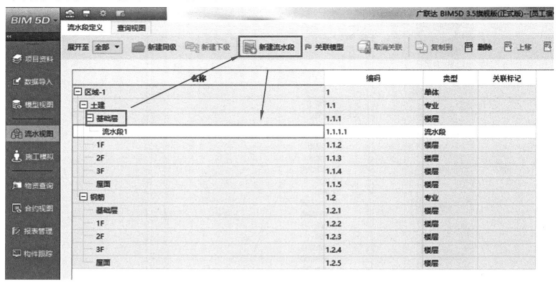

图 2.20　新建流水段

第二步：双击"流水段 1"可以修改名称，例如可命名为"基础层"。

4）关联模型

通过关联模型，可以将构件定义到划分的流水段中，实现流水段与实体模型之间的关联。

第一步：选中流水段"基础层"，单击"编辑流水段"进入流水段创建页面，如图 2.21 所示。为了方便、准确地找到流水段划分界线，可以在"流水段"编辑页面右上方单击轴网"🖽"，选择流水段对应楼层，单击"确定"，以显示该楼层轴网，如图 2.22 所示。

第二步：单击"画流水段线框"，手动绘制对应流水段，绘制完成后单击鼠标右键确认，绘制完成如图 2.23 中的矩形框所示。

注意：流水段线框必须覆盖该流水段区域所有构件；流水段线框为封闭图形即可。

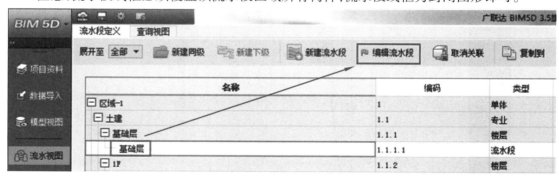

图 2.21　编辑流水段

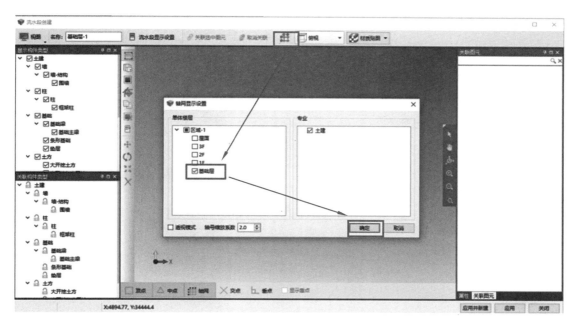

图 2.22　打开轴网

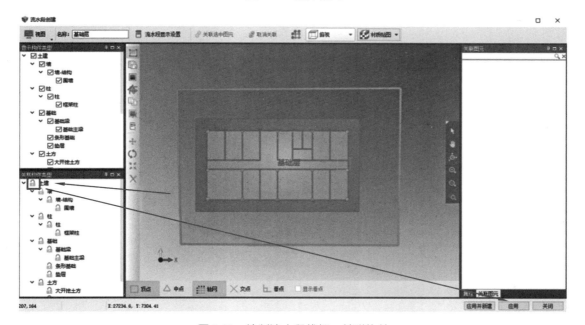

图 2.23　绘制流水段线框、关联构件

第三步：画完流水段线框后，单击左侧"关联构建类型"绿色小锁，如图 2.23 所示，变成上锁状态，最后单击"应用"则提示关联完成。关联完成后，流水段窗口右侧的关联图元会显示所关联的图元信息，如图 2.24 所示。

将流水段窗口关闭，返回流水视图，会看到刚编辑过的流水段"基础层"右侧关联标记一栏出现绿色旗帜，如图 2.25 所示。有了绿色旗帜标志，则表示该流水段已完成了关联。

按照该方法，依次划分所有流水段并完成关联，如图 2.26 所示。

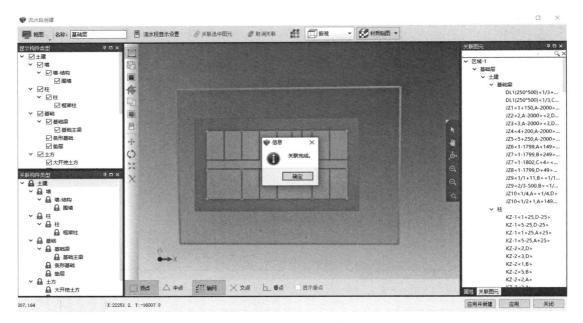

图 2.24　构建关联完毕

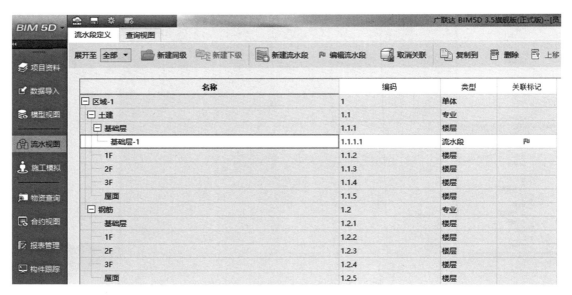

图 2.25　关联标记

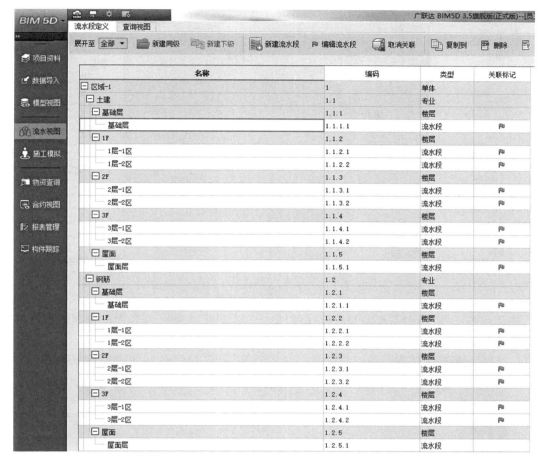

图 2.26　所有流水段关联完毕

5) 流水段信息修改

若流水段信息定义错误需要修改,可通过以下几种方式实现:

①在流水视图中,单击"删除" 📋删除 ,该流水段及流水段的所有关联信息一并删除。删除后重新创建流水段并关联流水段即可。

②若流水段命名无误,流水段划分有误,可在流水视图中选择需要修改的流水段,单击"取消关联" 📄取消关联 。该操作在保留该流水段的同时删除了流水段线框及关联信息。

选中该流水段,单击"编辑流水段" 📮 编辑流水段 ,即可进入流水段编辑视图重新画框、进行图元关联。

③若只是关联构件类型错误,可进入流水段编辑页面,单击关联有误的构件小锁,小锁颜色改变即修改成功,单击"确定"即可,如图 2.27 所示。

6) 流水段复制

如果存在多个楼层流水段划分范围相同,可通过流水段复制的方式快速完成流水段的定义。例如在"员工宿舍楼"项目中,1F、2F、3F 流水段划分相同,可在 1F 定义完流水段信息后复制到 2F、3F。

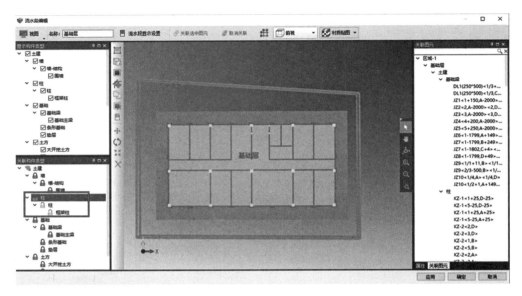

图 2.27　修改关联构件类型

在流水视图中,选中需要复制的流水段,单击"复制到" 复制到,在弹出的复制流水段窗口中勾选要复制的楼层,单击"复制",如图 2.28 所示。

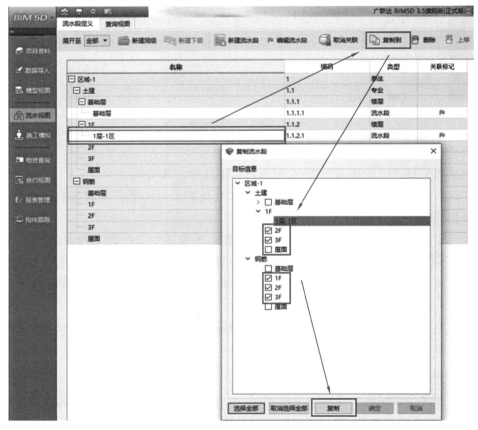

图 2.28　复制流水段

　　复制成功后,在复制楼层下会出现一个与被复制楼层相同的流水段"1 层-1 区",如图 2.29所示。可双击流水段修改流水段名称。

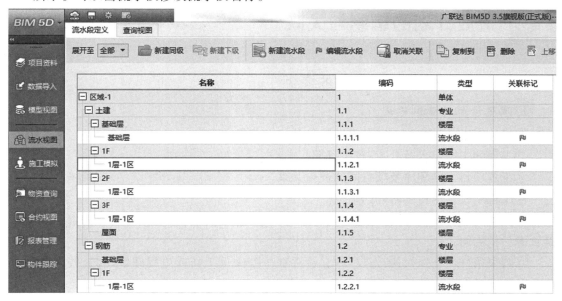

图 2.29　流水段复制成功

　　该操作不仅复制了流水段,同时复制了该流水段下关联的构件信息。由于不同楼层构件类型有所差异,建议使用该操作后检查复制流水段下关联的构件是否正确。

【任务总结】

　　①流水施工是建筑施工采用的主要施工组织形式,能够充分利用工作面、最大限度地节约工期。组织流水施工的关键是合理确定流水施工的各项参数。

　　②在 BIM5D 中,组织流水施工的第一步是划分流水段,流水段划分按照"单体-专业-楼层-流水段"的顺序建立。

　　③在画流水段线框时,可通过"偏移"准确找到流水段的分界点,在基准点处按住"Shift+鼠标左键"即可调取偏移命令。

　　④当多个楼层流水段划分相同时,可通过流水段复制命令快速建立流水段。复制流水段命令复制的是该流水段的所有信息,包括流水段的划分和关联信息。由于各楼层可能存在不同构件,所以复制流水段后需逐个检查每个流水段的关联信息是否正确。

2.3 进度计划的编制与关联

2.3.1 知识点——进度计划的编制

1）进度计划的编制依据

①经过审批的全套施工图及采用的各种标准图集和资料。

②工程的工期要求及开工、竣工日期。

③工程项目工作顺序及项目间的逻辑关系。

④工程项目工作持续时间的估算。

⑤资源需求。包括对资源数量和质量的要求。在编制进度计划时,资源需求计划原则是资源尽量均衡。

⑥约束条件。在项目执行过程中总会存在一些关键工作或里程碑事件,这些都是项目执行过程中必须考虑的约束条件。

2）进度计划的编制程序

进度计划的编制程序一般包括以下4个阶段。

(1)准备阶段

①调查研究。调查研究的主要目的是掌握充分、准确的项目资料,为确定合理的进度目标、编制科学的进度计划提供可靠依据。

调查研究的内容有工程实施条件、工程技术资料、资源供应情况、资金供应情况等。

②确定计划目标。时间目标即工期目标,工期目标的确定应以建筑设计周期定额和建筑安装工程工期定额为依据,同时充分考虑类似工程实际进展情况、气候条件以及工程难易程度和建设条件的落实情况等因素。工程项目建设和施工进度安排必须以建筑设计周期定额和建筑安装工期定额为最高时限。

时间—资源目标。所谓资源,是指在工程建设过程中所需要投入的劳动力、原材料及施工机具等。在一般情况下,时间—资源目标分为两类:资源有限,工期最短;工期固定,资源均衡。

时间—成本目标。这是固定的工期寻求最低成本或最低成本时的工期安排。

(2)绘制进度计划

①进行项目分解。将工程项目工作内容进行分解,是编制进度计划的前提。如何进行项目的分解,分解到什么程度,取决于进度计划的作用。对于控制性的网络计划,其工作内容应划分得笼统一些,对于实施性的进度计划,工作应划分得详细具体。

②分析逻辑关系。在分析各项工作的逻辑关系时,既要考虑施工程序或工艺流程之间的技术逻辑要求,还要考虑组织安排、资源调配等。具体来说,应考虑以下因素:施工工艺要求;施工方法和施工机械要求;施工组织要求;施工质量要求;当地的气候条件;技术安全的要求。

③绘制计划图。选定不同的进度计划编制工具,绘制进度计划逻辑图。

（3）计算时间参数

①计算工作持续时间。工作持续时间是指完成该工作所花费的时间。其计算方法有多种,既可以根据以往的经验进行估算,也可以通过试验推算。当有定额可用时,可以利用时间定额或产量定额进行计算,对于搭接、间隔要求的工作,还需要按最优施工顺序及施工需要确定出各项工作之间的搭接时间、间隔时间。

②计算时间参数。计算相关时间参数,以了解整个网络计划的潜力。

（4）正式编制进度计划

①进度计划的优化。当初始进度计划工期满足所要求的工期及资源需求量都能满足时,无须进行优化;否则就要进行优化。

②确定最终的进度计划。根据优化结果,确定最终的进度计划,同时还应编制进度计划说明书。说明书内容应包括编制原则和依据;主要计划指标一览表;执行计划的关键问题;需要解决的重要问题及主要措施;其他需要解决的问题。

2.3.2　技能点——进度计划的关联

在导入进度计划后,需要根据进度计划把时间安排定义到具体的构件上,这就是通过"任务关联模型"命令实现的。

1）视图介绍

（1）进度计划视口

①" 📥 导入进度计划 ":将" *.zpet"格式和" *.mpp"格式的进度计划导入 BIM5D,导入时可以选择覆盖导入或者匹配导入。

②" ✏ 编辑计划 ":实现对进度计划的编辑和修改。根据导入进度计划格式不同,执行该操作会启动 Project 软件或者斑马进度计划编辑软件,在编制进度计划的软件中完成进度计划的修改。

③" 📊 ":任务统计状态,可以统计出当前未开始、延迟完成、正常完成的任务数量。

④" 🔽 过滤 ":可通过自定义过滤条件,实现有选择的显示任务项。默认为不过滤。

⑤" 📋 任务关联模型 ":选中某一任务项,实现进度计划中该任务项与模型之间的关联。

⑥" 🗑 清除关联 ":选中某一任务项,取消该任务项与模型之间的关联。

（2）任务关联模型视口

①"关联流水段/关联图元":根据是否划分了流水段,选择通过"关联流水段"或"关联图元"方式实现进度计划与模型的关联。

②"上一条任务":跳转到进度计划中的上一条任务项。

③"下一条任务":跳转到进度计划中的下一条任务项。

④"隐藏其他已关联任务":若复选框处于勾选状态,则隐藏已被关联的任务;若复选框处于未勾选状态,则显示已被关联任务,底色为浅红色。

2）**进度计划挂接模型操作**

在进行任务关联模型时,按照是否划分流水段,有两种操作方法。

（1）方法一:已划分流水段

第一步:切换至"施工模拟"模块,在视图菜单下勾选进度计划,单击已导入进度计划的工作项,单击"任务关联模型",如图 2.30 所示。

图 2.30　任务关联模型第一步

第二步:单击"任务关联模型"选项后,系统默认"关联流水段",根据任务项的描述,依次勾选"单体-楼层""专业""流水段",在构件类型中勾选需要关联的构件,然后单击左上方"关联",即可完成关联,如图 2.31 所示。

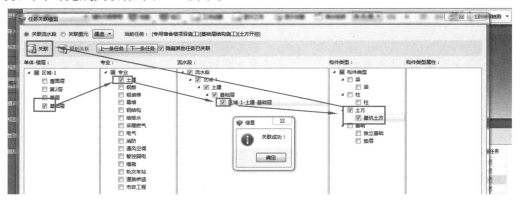

图 2.31　任务关联模型第二步

关联成功的任务项,在关联标志一栏会出现绿色旗帜,如图 2.32 所示。按照此操作,依次关联完毕进度计划中的所有任务项。

图 2.32　任务关联模型成功

（2）方法二：未划分流水段

第一步：切换至"施工模拟"模块，在视图菜单下勾选进度计划，单击已导入进度计划的工作项，单击"任务关联模型"，如图 2.33 所示。

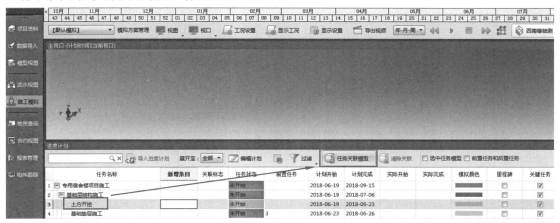

图 2.33　任务关联模型

第二步：单击任务关联模型后，左上角选中"关联图元"，根据任务项的描述，先勾选楼层，然后在专业下勾选需要关联的构件类型，再在模型视口中框选图元，最后单击左上方"选中图元关联到任务"，该任务项即关联成功，如图 2.34 所示。

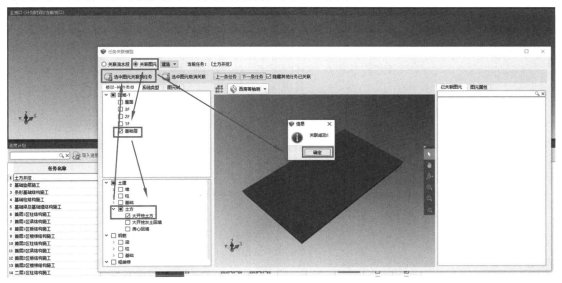

图 2.34　关联图元步骤

关联成功的任务项，在关联标志一栏会出现蓝色旗帜，如图 2.35 所示。按照此操作，依次关联完毕进度计划中的所有任务项。

注意：关联时根据任务名称描述，可选择多维度关联。例如任务 3"条形基础结构施工"，包括土建和钢筋两个专业，应同时选择，如图 2.36 所示。

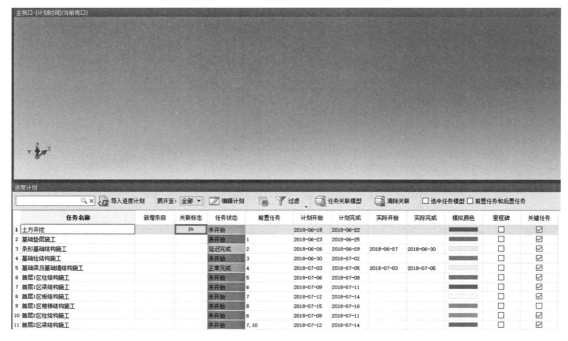

图 2.35　关联图元完毕

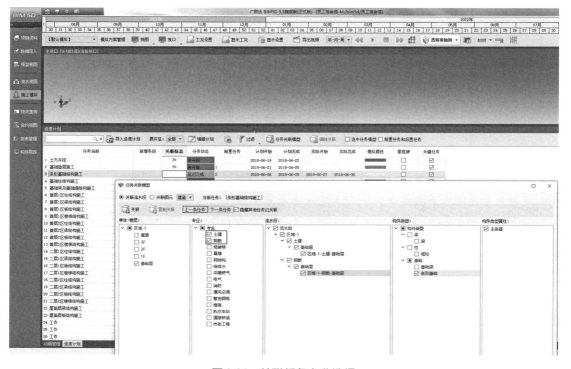

图 2.36　关联任务专业选择

【任务总结】

①正确地将进度计划与 BIM 模型进行关联,是进行施工模拟、工程结算、资源供给的前提。

②根据该项目是否划分流水段,选择"关联流水段"或"关联图元"。

2.4 4D 施工模拟

2.4.1 知识点——4D 施工模拟的含义

基于 BIM 技术的 4D 进度管理是将 3D 模型赋予时间的维度,形成 4D 模型,按照时间进程动态化的演示施工过程,对施工方案进行实时、交互和逼真的模拟,进而对已有的施工方案进行验证、优化和完善,逐步替代传统的施工方案编制方式和方案操作流程,也称 4D 施工模拟。

BIM 中级职业技能标准要求掌握施工方案、施工工序、施工工艺三维可视化模拟方法,能制作施工动画,可指导施工并进行合理性分析,适时调整方案。通过 BIM5D 中的 4D 施工模拟,即可达到该要求。

2.4.2 知识点——4D 施工模拟的意义

通过 BIM4D 施工模拟,工程人员能清晰地看到特定的时间有哪些施工工作在进行,提前对施工进度进行模拟,并以此为依据安排较为合理的施工进度。同时,也可在施工过程中将计划进度与实际的施工进度进行对比,发现进度偏差时能及时采取纠偏措施。

通过 BIM4D 施工模拟,可将工地现况在计算机中进行仿真模拟,找出施工中产生的空间及时间冲突,在开工前召集各承包商对预先模拟出的冲突问题进行讨论,提早发现并解决冲突,通过模拟制订相应的解决方案,尤其是工序、工法以及施工下料等关乎成本的系数,让拟订的施工计划更具有效率、整合性及完整性。找出施工中的冲突点进行讨论,通过模拟过程进行一一确定,最终制订最佳施工方案。

通过 BIM4D 施工模拟,将模拟结果制作成施工动画,并将动画成果以相同视角与工地现场进行比对实证,通过直观生动的动画向各分包商交底、讨论,既能提高施工各方的沟通效率,还可大幅改善施工返工以及误工等问题,并且降低非专业人员对于施工作业的理解难度。

将 BIM4D 施工模拟可模拟部分进行量化分析,例如物料的应用、人力资源的分配等,大大提高了施工管理的效率,改善了施工环境,有效控制了成本,为施工方赢得了更多的利润。

2.4.3 技能点——4D 施工模拟

采用 BIM 技术进行 4D 施工模拟时,首先要对施工工作进行分解,确定各分部分项工程,并一一对应 3D 模型;其次确定施工的先后顺序;最后进行 4D 模型的创建,模拟施工。

这就是任务 3 施工进度计划与 3D 模型之间的挂接所实现的。所以,完成流水段划分、进度计划关联等操作后才能进行 4D 施工模拟。

1)界面介绍

单击左侧"施工模拟",即可进入施工模拟模块,如图 2.37 所示。

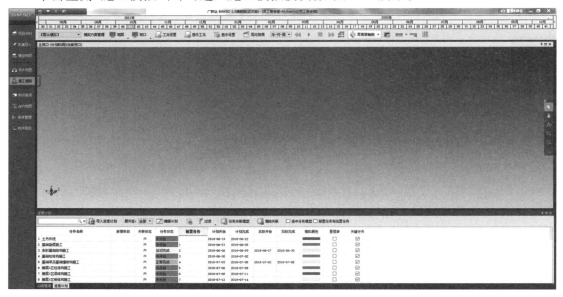

图 2.37 施工模拟视图

"时间轴":视图最上方为时间轴,按照年、月、周/日分 3 行显示,可根据模拟时间的需要,通过拖选的方式选中需要模拟的时间段。

在"时间轴"任意位置单击鼠标右键,可以选择"定位时间"或"按进度选择"命令。

"定位时间":可直接输入需要定位的日期,时间轴会自动移动到定位日期。

"按进度选择":时间轴自动选中进度计划中涉及的时间跨度。

"【默认模拟】 ▼":显示模拟方案的名称。当创建多种模拟方案时,可通过右侧下拉箭头选择切换不同的模拟方案。

"模拟方案管理":实现模拟方案的创建、编辑、删除等,如图 2.38 所示。

"添加":创建一个模拟方案,可定义方案的名称、动画播放时长、模拟起止时间等信息。

"编辑":选中一个模拟方案,单击编辑命令,可对该方案的名称、播放时长、模拟起止时间等信息进行修改。

"复制":选中一个模拟方案,单击复制,可复制出一个同样的方案,位于列表最后。

"删除":选中一个模拟方案,单击删除,可删除该方案。

"上移""下移":选中一个模拟方案,单击上移、下移,可移动该方案的位置。

" 视图 ":根据不同分析需求,可选择不用的视口。该内容将在下一任务中详细讲解。

" 视口 ":默认显示主视口。当有多个视口时,通过单击视口前的"√",可选择显示某一个视口或多个视口。

"新建视口":可根据需要新建一个视口,如图 2.39 所示。

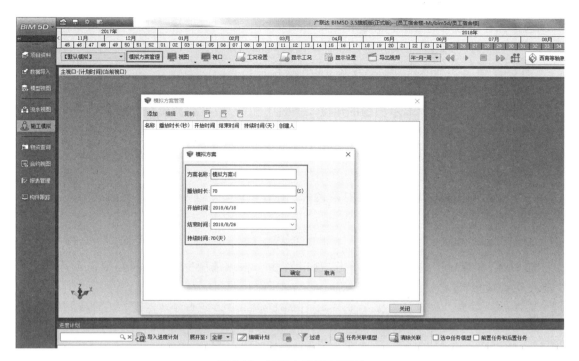

图 2.38　模拟方案管理视图

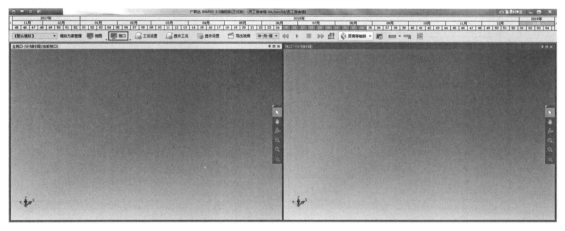

图 2.39　视口视图

在视口蓝色区域单击右键,可调取视口属性/删除视口/隐藏图元/取消隐藏图元命令。

"视口属性":可设置该视口显示的时间类型、显示设置、显示范围。

"删除视口":可删除该视口。

"隐藏图元":选中需要隐藏的图元,单击鼠标右键→隐藏图元,即可隐藏该图元。

"取消隐藏图元":该命令可将隐藏的图元显示出来。

"工况设置":可在具体的时间创建具体的工况。

"显示工况":可在视图中显示该工况。

"显示设置":可设置构件建造/拆除的动态效果、颜色等。

"导出视频":根据时间轴选定的时间,将该时间段内的施工模拟动画导出为动画视频文件,可以选择保存位置、调整内容布局等。

"年–月–周":通过单击下拉箭头,可调整时间轴的显示为"年-月-周"或"年-月-日"。

" ◀◀ ▶ ▣ ▶▶ ":动画减速、播放、停止、加速。

" ⊞ ":显示轴网。可根据需求选择显示某一层的轴网。

" 西南等轴测 ":当前视口显示模型的角度。通过下拉箭头,可切换模型视图。

" ▦ ":将当前视图输出高清图片。

" ▱ ":测量距离。通过右侧下拉箭头,可选择测量不同元素之间的距离。

" ▱ ":删除测量的距离。

" ▦ ":显示构件钢筋三维。选中某构件,单击该命令,即可根据需要选择显示的钢筋类型。

2)4D 施工模拟

第一步:在视口空白区域右键单击"视口属性",根据需要完成"时间类型""显示设置""显示范围"处的设置,如图 2.40 所示。

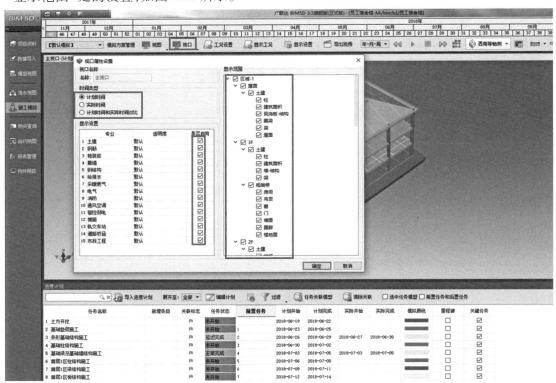

图 2.40 视口属性设置

第二步:拖动选择时间轴,选择需要模拟施工的时间段,如图 2.41 所示。

第三步:单击右上角播放即可,如图 2.41 所示。

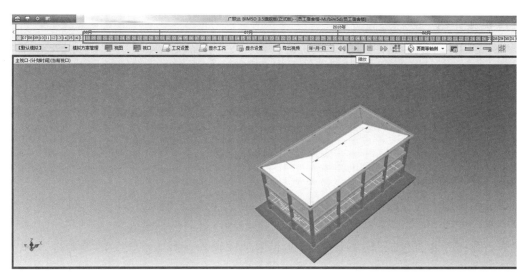

图 2.41 选择模拟时间

2.4.4 知识点——工况的含义

建筑工程的施工工况是指施工现场的实际状况,包括现场环境的状况、施工进度状况、机械作业状况、工作人员的配备状况、工作与其他工种的衔接状况等诸多因素。

在建筑施工过程中,随着施工进度的推进,现场的场地布置、在场机械设备、施工人员等情况都有所不同,通过工况的模拟,可以根据时间进度调整机械设备的进出场时间、机械设备的安放位置,提前进行不同部门之间的协调工作,让施工按照计划方案顺利进行。

2.4.5 技能点——工况模拟

单击"施工模拟"模块下的"工况设置"选项,可进入工况设置界面,如图 2.42 所示,即可进行工况的创建、编辑、删除等操作。

图 2.42 工况设置界面

1）视图介绍

"视图 :显示或关闭工况列表、在场其他模型、属性等窗口。

"保存 :保存工况。

"重置 :恢复到上次保存的位置。

"载入模型 :载入进度模型、实体模型、场地模型等。

"模型操作: 删除 移动 旋转 缩放 中心轴 智能布置 动画设置 :选中模型,单击相应命令,可对模型进行相应操作。

2）工况模拟设置

在施工模拟中模拟塔吊进场与出场,2018 年 7 月 3 日塔吊进场,2018 年 11 月 7 日塔吊出场。

第一步:在"施工模拟"模块下打开"工况模拟设置",选择工况发生的日期为 2018 年 7 月 3 日。

第二步:单击"载入模型",根据需要单击载入进度模型,如图 2.43 所示。

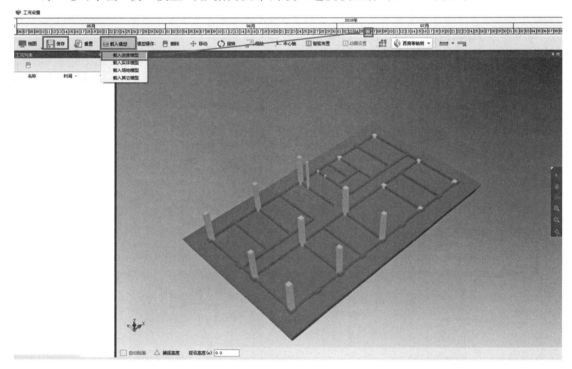

图 2.43　载入模型

第三步:单击载入"其他模型",选择塔吊,单击插入模型或者插入模型(旋转),在进度模型中选择合适的位置插入塔吊,如图 2.44 所示。

第四步:单击"保存"选项,即可保存该工况,可修改名称、添加备注。该工况即在工况列表中显示,如图 2.45 所示。

第五步:现添加另一个工况,塔吊出场。先选择日期为 2018 年 11 月 7 日,载入进度模型,如图 2.46 所示。

第六步:选中塔吊,按"Delete"键将塔吊删除,单击"保存"选项保存该工况,工况命名为"塔吊出场",如图 2.47 所示。

至此,工况设置已完成,下面需要把设置的工况在模拟动画中显示出来。

第七步:回到"施工模拟"模块,单击"显示工况"使其处于高亮状态。选择施工模拟时间段,单击播放即可,如图 2.48 所示。

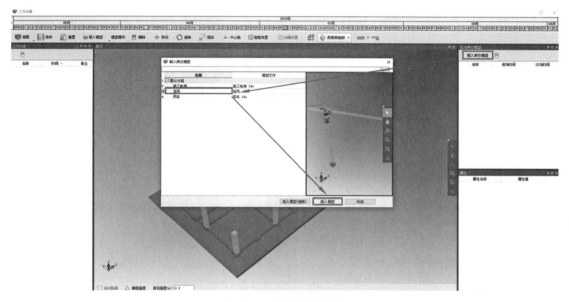

图 2.44　载入塔吊模型

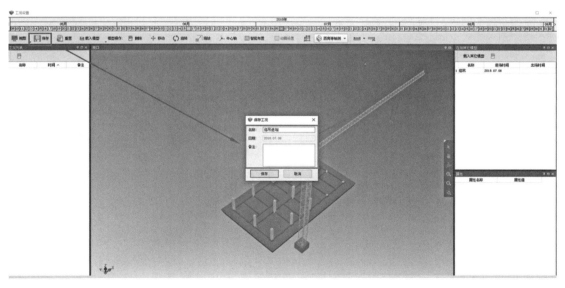

图 2.45　工况保存

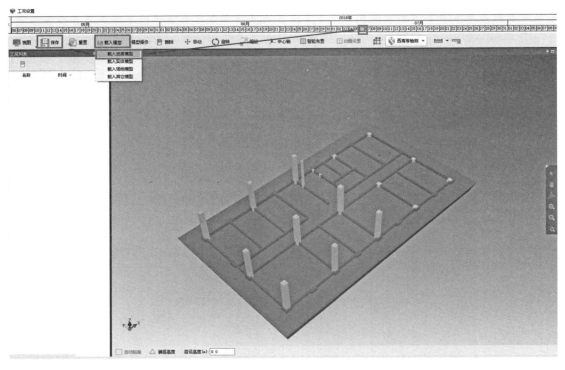

图 2.46　载入进度模型

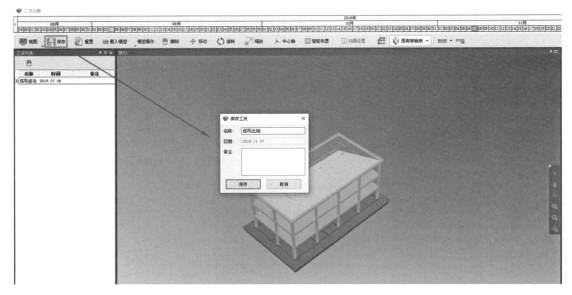

图 2.47　保存工况

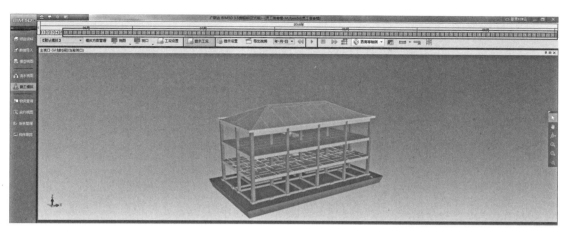

图 2.48　显示工况

【任务总结】

①在"施工模拟"模块下,通过选择模拟时间、构件、时间类型等,可以满足用户多维度的施工模拟需求。

②当有多重模拟需求时,可通过"模拟方案"的管理来保存每次模拟的时间设置、模拟内容等信息。

③工况模拟注意时间变化即工况改变。

2.5 进度控制

2.5.1 知识点——建设工程项目进度控制的原理及措施

建设工程项目进度控制是指项目管理者围绕目标工期要求编制计划,付诸实施且在此过程中经常检查计划的实际执行情况,分析进度偏差原因并在此基础上不断调整、修改计划直至工程竣工交付使用;通过对进度影响因素实施控制及各种关系协调,综合运用各种可行方法、措施,将项目的计划工期控制在事先确定的目标工期范围之内,在兼顾成本,质量控制目标的同时,努力缩短建设工期。

1)进度控制原理

(1)系统原理

系统是由相互作用和相互依赖的若干组成部分结合而成的具有特定功能的有机整体。

(2)动态原理

动态原理是指在建设项目进度控制中应该始终遵循反馈原则和弹性原则,以确保进度控制工作的实际效果。

（3）反馈原则

反馈原则是指在实施进度计划的过程中应随时注意统计、整理进度资料，并将其与计划进度进行比较，从而及时得出工程实际进度与计划进度的比较结果，发现进度偏差；分析偏差原因；找出解决办法；制订、调整或修正措施等一系列环节再回到对原进度计划的执行或调整，从而构成一个封闭的循环系统，以利于项目管理者灵敏、准确地捕捉进度管理过程中的情况变化，并对其作出迅速正确的反应和决策。

（4）弹性原则

弹性原则是指借助统计经验和风险分析，尽量把握各种进度影响因素的发生可能性及其作用规律，并以此为依据，再进行目标工期制订和进度计划安排时留有余地，使之具有必要的弹性。

2）建设项目进度控制的措施

建设项目进度控制的措施包括组织措施、技术措施、合同措施、经济措施和信息管理措施等。

组织措施主要包括落实进度管理部门人员、任务、职责；进行项目分解，按项目结构、合同结构或项目阶段建立编码体系；确定进度协调工作制度，确定进度协调会制度；分析影响进度目标实现的因素。

技术措施包括落实施工方案部署，选用新技术、新工艺、新材料以加快工程进度等内容。

合同措施主要包括：选择有利于缩短工期的承发包方式，争取尽早开工，分析合同工期以确定进度控制范围，以及认真对待与处理工期索赔事宜等。

经济措施是指利用经济手段来控制工程进度，如业主通过行使支付控制权来控制工程进度。

信息管理措施则主要包括建立进度信息收集和报告制度，定期进行计划进度与实际进度的比较，及时提供进度比较分析报告等。

2.5.2　知识点——进度计划的检查

进度控制的最终目的是确保建设项目按计划时间交付使用或提前交付使用。确定建设工程进度目标，编制一个科学、合理的进度计划是工程师实现进度控制的首要前提。但在工程项目实施过程中，由于外部环境和条件的变化，进度计划的编制者很难事先对项目在实施过程中可能出现的问题进行全面估计。如气候的变化、不可预见事件的发生以及其他条件的变化均会对工程进度计划的实施产生影响，从而造成实际进度偏离计划进度，如果实际进度与计划进度的偏差得不到及时纠正，必然影响进度总目标的实现。为此，在进度计划的执行过程中，必须采取有效的监测手段对进度计划的实施过程进行监控，以便及时发现问题，并运用行之有效的进度调整方法来解决问题。

1）进度监测的系统过程

在建设工程实施过程中，工程师应经常地、定期地对进度计划的执行情况进行跟踪检查，发现问题后及时采取措施加以解决。进度监测的系统过程如图 2.49 所示。

（1）进度计划执行中的跟踪检查

对进度计划的执行情况进行跟踪检查是计划执行信息的主要来源，既是进度分析和调整的依据，也是进度控制的关键步骤。跟踪检查的主要工作是定期收集反映工程实际进度的有关数据，收集的数据应当全面、真实、可靠，不完整或不正确的进度数据将导致判断不准确或决策失误，为了全面、准确地掌握进度计划的执行情况，监理工程师应认真做好以下 3 个方面的工作：

定期收集进度报表资料。进度报表是反映工程实际进度的主要形式之一。进度计划执行单位应按照进度规定的时间和报表内容，定期填写进度报表。工程师通过收集进度报表资料掌握工程实际进展情况。

现场实地检查工程进展情况。派遣工作人员常驻现场，随时检查进度计划的实际执行情况，这样可以加强进度监测工作，掌握工程实际进度的第一手资料，使获取的数据更加及时、准确。

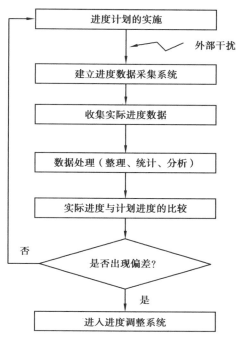

图 2.49　进度监测的系统过程

定期召开现场会议。定期召开现场会议，工程师通过与进度计划执行单位的有关人员面对面交谈，既可了解工程实际进度状况，同时也可协调有关方面的进度关系。

一般来说，进度控制的效果与收集数据资料的时间间隔有关。究竟多长时间进行一次进度检查，是工程师应当确定的问题。如果不经常地、定期地收集实际进度数据，就难以有效地控制实际进度。进度检查的时间间隔与工程项目的类型、规模、监理对象及有关条件等多方面因素相关，可视工程的具体情况，每月、每半月或每周进行一次检查。特殊情况下，甚至需要每日进行一次进度检查。

（2）实际进度数据的加工处理

为了进行实际进度与计划进度的比较，必须对收集到的实际进度数据进行加工处理，形成与计划进度具有可比性的数据。例如，对检查时段实际完成工作量的进度数据进行整理、统计和分析，确定本期累计完成的工作量、本期已完成的工作量占计划总工作量的百分比等。

（3）实际进度与计划进度的对比分析

将实际进度数据与计划进度数据进行比较，可以确定建设工程实际执行状况与计划目标之间的差距。为了直观反映实际进度偏差，通常采用表格或图形进行实际进度与计划进度的对比分析，得出实际进度比计划进度超前、滞后还是一致的结论。

2）进度调整的系统过程

在建设工程实施进度监测过程中，一旦发现实际进度偏离计划进度，即出现进度偏差时，必须认真分析产生偏差的原因及其对后续工作和总工期的影响，必要时采取合理、有效的进度计划调整措施,确保进度总目标的实现。

2.5.3　知识点——实际进度与计划进度的比较方法

实际进度与计划进度的比较是建设工程进度监测的主要环节。常用的进度比较方法有横道图、S 曲线、香蕉曲线、前锋线和列表比较法。

1)横道图比较法

横道图比较法是指将项目实施过程中检查实际进度收集到的数据,经加工整理后直接用横道线平行绘于原计划的横道线处,进行实际进度与计划进度的比较方法。采用横道图比较法,可以形象、直观地反映实际进度与计划进度的比较情况。

【知识拓展】

例如某项目基础工程的计划进度和截止到第 9 周末的实际进度如图 2.50 所示,其中双线条表示该工程计划进度,粗实线表示实际进度。从图中实际进度与计划进度的比较可以看出,到第 9 周末进行实际进度检查时,挖土方和做垫层两项工作已经完成;支模板按计划应该完成,但实际只完成 75%,任务量拖欠 25%;绑扎钢筋按计划应完成60%,而实际只完成 20%,任务量拖欠 40%。

根据各项工作的进度偏差,进度控制者可以采取相应的纠偏措施对进度计划进行调整,以确保该工程按期完成。

图 2.50 所表达的比较方法仅适用于工程项目中各项工作都是均匀进展的情况,即每项工作在单位时间内完成的任务量都相等的情况。事实上,工程项目中各项工作的进展不一定匀速。

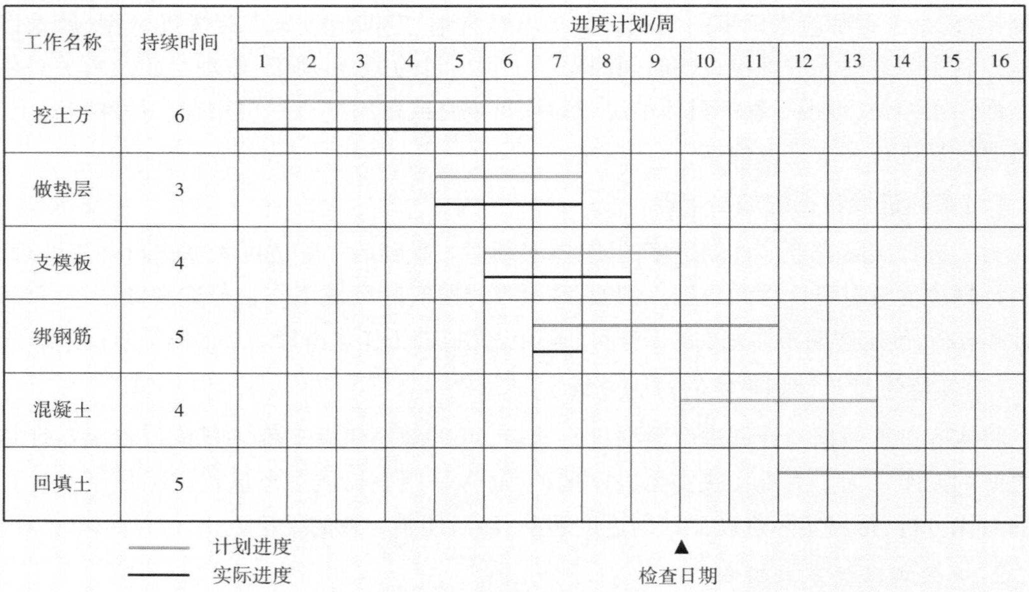

工作名称	持续时间	进度计划/周															
		1	2	3	4	5	6	7	8	9	10	11	12	13	14	15	16
挖土方	6																
做垫层	3																
支模板	4																
绑钢筋	5																
混凝土	4																
回填土	5																

———— 计划进度
———— 实际进度

▲
检查日期

图 2.50　实际进度图

根据工程项目中各项工作的进展是否匀速,可分别采用以下两种方法进行实际进度与计划进度的比较。

(1)匀速进展横道图比较法

匀速进展是指在工程项目中,每项工作在单位时间内完成的任务量都相等,即工作的进展速度是均匀的。此时,每项工作累计完成的任务量与时间呈线性关系,如图 2.51 所示。完成的任务量可以用实物工程量、劳动消耗量或费用支出表示。为了便于比较,通常用上述物理量的百分比表示。

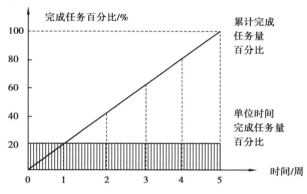

图 2.51　每项工作累计完任务量与时间关系

该方法仅适用于工作从开始到结束的整个过程中,其进展速度均为固定不变的情况。如果工作进展速度是变化的,则不能采用此方法进行实际进度与计划进度的比较;否则,会得出错误的结论。

【知识拓展】

采用匀速进展横道图比较法时,其步骤如下:

(1)编制横道图进度计划。

(2)在进度计划上标出检查日期。

(3)将检查收集到的实际进度数据经加工整理后按比例用涂黑的粗线标于计划进度的下方,如图 2.52 所示。

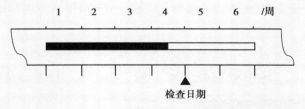

图 2.52　匀速进展横道图比较图

(4)对比分析实际进度与计划进度:

①如果涂黑的粗线右端落在检查日期左侧,表明实际进度拖后。

②如果涂黑的粗线右端落在检查日期右侧,表明实际进度超前。

③如果涂黑的粗线右端与检查日期重合,表明实际进度与计划进度一致。

该方法仅适用于工作从开始到结束的整个过程中,其进展速度均为固定不变的情况。如果工作进展速度是变化的,则不能采用此方法进行实际进度与计划进度的比较;否则,会得出错误的结论。

(2)非匀速进展横道图比较法

当工作在不同单位时间里的进展速度不相等时,累计完成的任务量与时间的关系就不可能是线性关系。此时,应采用非匀速进展横道图比较法进行工作实际进度与计划进度的比较。非匀速进展横道图比较法在用涂黑粗线表示工作实际进度的同时,还要标出其对应时刻完成任务量的累计百分比,并将该百分比与其同时刻计划完成任务量的累计百分比相比较,判断工作实际进度与计划进度之间的关系。

【知识拓展】

采用非匀速进展横道图比较法时,其步骤如下:

①编制横道图进度计划。

②在横道线上方标出各主要时间工作的计划完成任务量累计百分比。

③在横道线下方标出相应时间工作的实际完成任务量累计百分比。

④用涂黑粗线标出工作的实际进度,从开始之日标起,同时反映出该工作在实施过程中的连续与间断情况。

⑤通过比较同一时刻实际完成任务量累计百分比和计划完成任务量累计百分比,判断工作实际进度与计划进度之间的关系:

a.如果同一时刻横道线上方累计百分比大于横道线下方累计百分比,表明实际进度拖后,拖欠的任务量为二者之差。

b.如果同一时刻横道线上方累计百分比小于横道线下方累计百分比,表明实际进度超前,超前的任务量为二者之差。

c.如果同一时刻横道线上下方两个累计百分比相等,表明实际进度与计划进度一致。

[例] 某项目的基槽开挖工作按施工进度计划安排需要7周完成,每周计划完成的任务量百分比如图2.53所示。请编制横道图进度计划,并与实际进度与计划进度进行比较。

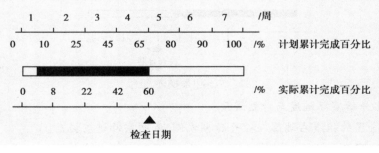

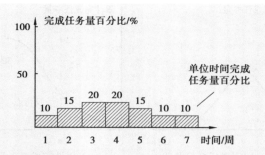

图 2.53　基槽开挖工作进展时间与完成任务量关系图

[**解**]　①编制横道图进度计划。

②在横道线上方标出基槽开挖工作每周计划累计完成任务量的百分比,分别为 10%、25%、45%、65%、80%、90% 和 100%。

③在横道线下方标出第 1 周至检查日期(第 4 周)每周实际累计完成任务量的百分比,分别为 8%、22%、42%、60%。

④用涂黑粗线标出实际投入的时间。图 2.53 表明,该工作实际开始时间晚于计划开始时间,在开始后连续工作,没有中断。

比较实际进度与计划进度。从图中可以看出,该工作在第一周实际进度比计划进度拖后 2%,以后各周末累计拖后分别为 3%、3% 和 5%。

可以看出,由于工作进展速度是变化的,因此在图中的横道线,无论是计划的还是实际的,只能表示工作的开始时间、完成时间和持续时间,并不表示计划完成的任务量和实际完成的任务量。此外,采用非匀速进展横道图比较法,不仅可以进行某一时刻(如检查日期)实际进度与计划进度的比较,而且还能进行某一时间段实际进度与计划进度的比较。当然,这需要实施部门按规定的时间记录当时的任务完成情况。

横道图比较法虽有记录和比较简单、形象直观、易于掌握、使用方便等优点,但因其是以横道计划为基础,故带有不可克服的局限性。在横道计划中,各项工作之间的逻辑关系表达不明确,关键工作和关键线路无法确定。一旦某些工作实际进度出现偏差时,难以预测其对后续工作和工程总工期的影响,也就难以确定相应的进度计划调整方法。因此,横道图比较法主要用于工程项目中某些工作实际进度与计划进度的局部比较。

2)S 曲线比较法

S 曲线比较法是以横坐标表示时间,纵坐标表示累计完成任务量,绘制一条按计划时间累计完成任务量的 S 曲线。并将工程项目实施过程中各检查时间实际累计完成任务量的 S 曲线也绘制在同一坐标系中,进行实际进度与计划进度比较的一种方法。

从整个工程项目实际进度全过程看,单位时间投入的资源量一般是开始和结束时较少,中间阶段较多。与其相对应,单位时间完成的任务量也呈现出同样的变化规律,如图 2.54(a)所示。而随工程进展累计完成的任务量则应呈 S 形变化,如图 2.54(b)所示。由于其形似英文字母"S",S 曲线因此而得名。

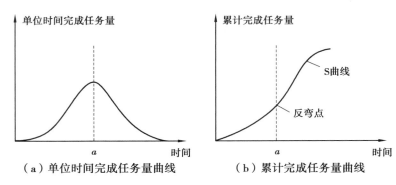

图 2.54 S 曲线比较法

【知识拓展】

S 曲线的绘制方法

[**例**] 某混凝土工程的浇筑总量为 2 000 m³，按照施工方案，计划 9 个月完成，每月计划完成混凝土浇筑量如图 2.55 所示，试绘制该混凝土工程的计划 S 曲线。

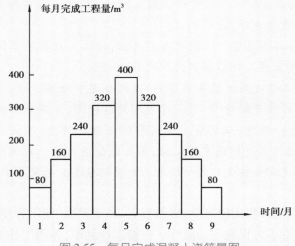

图 2.55 每月完成混凝土浇筑量图

[**解**] 根据已知条件：

①确定单位时间计划完成任务量。在本例中，将每月计划完成混凝土浇筑量列于表 2.2 中；

②计算不同时间累计完成任务量。在本例中，依次计算每月计划累计完成的混凝土浇筑量，结果列于表 2.2 中；

表 2.2

时间/月	1	2	3	4	5	6	7	8	9
每月完成量/m³	80	160	240	320	400	320	240	160	80
累计完成量/m³	80	240	480	800	1 200	1 520	1 760	1 920	2 000

③根据累计完成任务量绘制 S 曲线。在本例中,根据每月计划累计完成混凝土浇筑量而绘制的 S 曲线如图 2.56 所示。

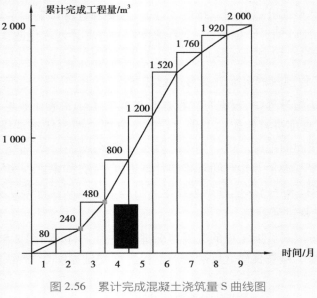

图 2.56　累计完成混凝土浇筑量 S 曲线图

3)香蕉曲线比较法

香蕉曲线是由两条 S 曲线组合而成的闭合曲线。由 S 曲线比较法可知,工程项目累计完成任务量与计划时间的关系可用一条 S 曲线表示。对于一个工程项目的网络计划来说,如果以其中各项工作的最早开始时间安排进度而绘制的 S 曲线,称为 ES 曲线;如果以其中各项工作的最迟开始时间安排进度而绘制的 S 曲线,称为 LS 曲线。两条 S 曲线具有相同的起点和终点,因此,两条曲线是闭合的。

在一般情况下,ES 曲线上的其余各点均落在 LS 曲线的相应点的左侧。由于该闭合曲线形似"香蕉",故称为香蕉曲线,如图 2.57 所示。

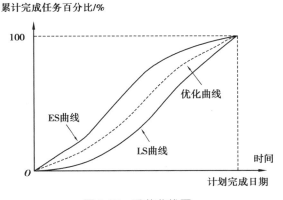

图 2.57　香蕉曲线图

香蕉曲线比较法能直观地反映工程项目的实际进展情况,并可以获得比 S 曲线更多的信息。其主要作用有:

（1）合理安排工程项目进度计划

如果工程项目中的各项工作均按其最早开始时间安排进度，将导致项目的投资加大；而如果各项工作都按其最迟开始时间安排进度，如一旦受到进度影响因素的干扰，又将导致工期拖延，使工程进度风险加大。因此，一个科学合理的进度计划优化曲线应处于香蕉曲线所包络的区域之内，如图 2.57 中的虚线所示。

（2）定期比较工程项目的实际进度与计划进度

在工程项目的实施过程中，根据每次检查收集到的实际完成任务量，绘制出实际进度 S 曲线，便可以与计划进度进行比较。工程项目实施进度的理想状态是任一时刻工程实际进展点应落在香蕉曲线图的范围之内。如果工程实际进展点落在 ES 曲线的左侧，表明此刻实际进度比各项工作按其最早开始时间安排的计划进度超前；如果工程实际进展点落在 LS 曲线的右侧，则表明此刻实际进度比各项工作按其最迟开始时间安排的计划进度拖后。

（3）预测后期工程进展趋势

利用香蕉曲线可以对后期工程的进展情况进行预测。例如在图 2.58 中，该工程项目在检查日实际进度超前。检查日期之后的后期工程进度安排如图 2.58 中虚线所示，预计该工程项目将提前完成。

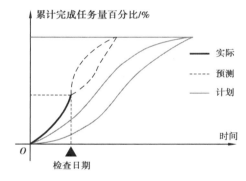

图 2.58　香蕉曲线图比较

（4）前锋线比较法

前锋线是指在原时标网络计划上，从检查时刻的时标点出发，用点画线依次将各项工作实际进展位置点连接而成的折线。前锋线比较法是通过绘制某检查时刻工程实际进度前锋线，进行工程实际进度与计划进度比较的方法，主要适用于时标网络计划。前锋线比较法就是通过实际进度前锋线与原进度计划中各工作箭线交点的位置来判断工作实际进度与计划进度的偏差，进而判定该偏差对后续工作及总工期影响程度的一种方法。

针对匀速进展的工作，前锋线可以直观地反映出检查日期有关工作实际进度与计划进度之间的关系。对某项工作来说，其实际进度与计划进度之间的关系可能存在以下 3 种情况：

①工作实际进展位置点落在检查日期的左侧，表明该工作实际进度拖后，拖后的时间为二者之差。

②工作实际进展位置点与检查日期重合，表明该工作实际进度与计划进度一致。

③工作实际进展位置点落在检查日期的右侧,表明该工作实际进度超前,超前的时间为二者之差。

通过实际进度与计划进度的比较确定进度偏差后,还可根据工作的自由时差和总时差预测该进度偏差对后续工作及项目总工期的影响。由此可见,前锋线比较法既适用于工作实际进度与计划进度之间的局部比较,又可用来分析和预测工程项目整体进度状况。

【知识拓展】

前锋线比较实例

[例]　某工程项目时标网络计划如图 2.59 所示。该计划执行到第 6 周末检查实际进度时,发现工作 A 和 B 已经全部完成,工作 D、E 分别完成计划任务量的 20% 和 50%,工作 C 尚需 3 周完成,试用前锋线法进行实际进度与计划进度的比较。

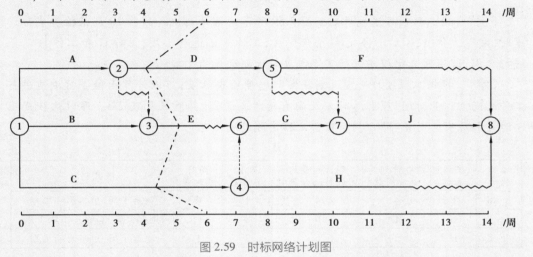

图 2.59　时标网络计划图

[解]　(1)工作 D 实际进度拖后 2 周,将使其后续工作 F 的最早开始时间推迟 2 周,并使总工期延长 1 周;

(2)工作 E 实际进度拖后 1 周,既不影响总工期,也不影响其后续工作正常进行;

(3)工作 C 实际进度拖后 2 周,将使其后续工作 J、H、G 的最早开始时间推迟 2 周。由于工作 J、G 开始时间的推迟,从而使总工期延长 2 周。

综上所述,如果不采取措施加快进度,该工程项目的总工期将延长 2 周。

5)列表比较法

当工程进度计划用非时标网络图表示时,可以采用列表比较法进行实际进度与计划进度的比较。这种方法是记录检查日期应该进行的工作名称及其已经作业的时间,然后列表计算有关时间参数,并根据工作总时差进行实际进度与计划进度比较的方法。采用列表比较法进行实际进度与计划进度的比较,其步骤如下:

①对于实际进度检查日期应该进行的工作,根据已经作业的时间,确定其尚需作业时间。

②根据原进度计划计算检查日期应该进行的工作从检查日期到原计划最迟完成时尚余时间。

③计算工作尚有总时差,其值等于工作从检查日期到原计划最迟完成时间尚余时间与该工作尚需作业时间之差。

④比较实际进度与计划进度,可能有以下几种情况:

a.如果工作尚有总时差与原有总时差相等,说明该工作实际进度与计划进度一致。

b.如果工作尚有总时差大于原有总时差,说明该工作实际进度超前,超前的时间为二者之差。

c.如果工作尚有总时差小于原有总时差,且仍为非负值,说明该工作实际进度拖后,拖后的时间为二者之差,但不影响总工期。

d.如果工作尚有总时差小于原有总时差,且为负值,说明该工作实际进度拖后,拖后的时间为二者之差,此时工作实际进度偏差将影响总工期。

【知识拓展】

[**例**] 某工程项目进度计划如图 2.59 所示。该计划执行到第 10 周末检查实际进度时,发现工作 A、B、C、D、E 已经全部完成,工作 F 已进行 1 周,工作 G 和工作 H 均已进行 2 周,试用列表比较法进行实际进度与计划进度的比较。

[**解**] 根据工程项目进度计划及实际进度检查结果,可以计算出检查日期应进行工作的尚需作业时间、原有总时差及尚有总时差等,计算结果见表 2.3。通过比较尚有总时差和原有总时差,即可判断目前工程实际进展状况。

表 2.3

工作代号	工作名称	检查计划时尚余周数	到计划最迟完成时尚余周数	原有总时差	尚有总时差	情况判断
5—8	F	4	4	1	0	拖后 1 周,但不影响工期
6—7	G	1	0	0	−1	拖后 1 周,影响总工期 1 周
4—8	H	3	6	2	1	拖后 1 周,但不影响工期

2.5.4 技能点——实际进度与计划进度的比较

1)切换计划与实际对比窗口

右键显示模型视口区域,单击"视口属性",单击"计划时间和实际时间对比"后单击"确定",如图 2.60 所示。

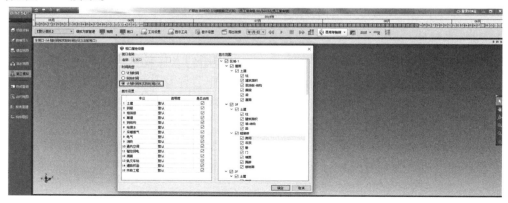

图 2.60 原进度计划

2）查看方式

①可单击某一天查看该日期下的模型进度对比。

②可选择一个时间段,单击"播放",查看该时间段内的模型进度对比,如图 2.61 所示。

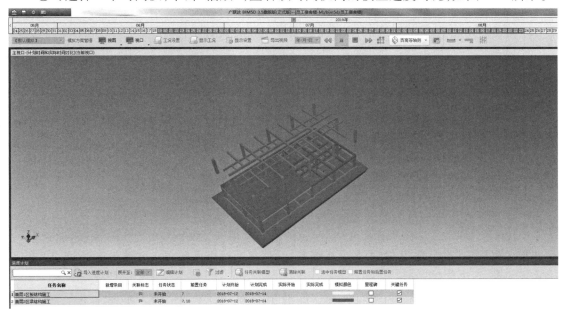

图 2.61　实际进度与计划进度对比动画播放

【知识拓展】

当实际进度与计划进度之间出现偏差,人们需要调整剩余工作的进度以满足工期的要求。

工期和工程费用、资源、工程质量等因素是息息相关的,如果压缩工期,势必会出现工程成本的增加、资源需求不均衡等问题,所以在调整工期时,要综合考虑工程成本、工程资源供给情况。

众所周知,建筑工程项目的工期是由关键路线上的工作决定的,所以,要改变工期,必须调整关键路线上的工作。项目进度计划的优化一般可通过以下几种途径:

（1）在不增加资源的前提下压缩工期

在进行工期优化时,首先应在保持系统原有资源的基础上对工期进行压缩。如果还不能满足要求,再考虑向系统增加资源。在不增加系统资源的前提下压缩工期有两条途径:一是不改变网络计划中各项工作的持续时间,通过改变某些活动间的逻辑关系达到压缩总工期的目的;二是改变系统内部的资源配置,削减某些非关键活动的资源,将削减下来的资源调集到关键工作中去,以缩短关键工作的持续时间,从而达到缩短总工期的目的。

（2）平衡资源供给,压缩关键路线

由关键路径的定义可知,关键路径的长度就是项目的工期,所以要压缩项目工期就必须缩短关键活动的时间。将初始网络计划的计算工期与合同指令工期相比较,会求出需要缩短的工期,通过压缩关键路线的方法进行多次测试计算直至符合指令工期的要求为止。

工期优化的步骤:

①计算并找出初始网络计划的关键线路、关键工作。

②求出应压缩的时间 $\Delta T = T_c - T_r$。

③确定各关键工作能压缩的时间。

④选择关键工作,压缩其作业时间,并重新计算工期 T_c'。

⑤当 $T_c' > T_r$,重复以上步骤,直至 $T_c' < T_r$。

⑥当所有关键工作的持续时间都已达到能缩短的极限,工期仍不能满足要求时,应对网络计划的技术、组织方案进行调整或对要求工期重新进行审定。

选择压缩时间的关键工作应考虑以下因素:

①压缩时间对质量和安全影响较小;

②有充足的备用资源;

③压缩时间所需增加的费用较少。

[**例**] 某工程双代号时标网络计划如图 2.62 所示,要求工期为 110 天,对其进行工期优化(在工作①—②中,4 表示压缩系数,该数字越小表明该工作越适合压缩,10 是正常工期,8 是最短工期)。

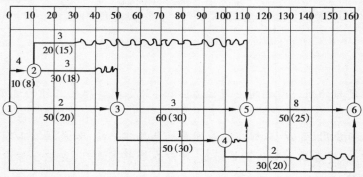

图 2.62

[**解**] ①计算并找出初始网络计划的关键线路、关键工作;

②求出应压缩的时间 $\Delta T = T_c - T_r = 160 - 110 = 50$(天);

③确定各关键工作能压缩的时间;

④选择关键工作压缩作业时间,并重新计算工期 T_c'。

第一次:选择工作①—③,压缩 10 天,成为 40 天;工期变为 150 天,①—②和②—③也变为关键工作。

第二次:选择工作③—⑤,压缩 10 天,成为 50 天;工期变为 140 天,③—④和④—⑤也变为关键工作。

第三次:选择工作③—⑤和③—④,同时压缩 20 天,成为 30 天;工期变为 120 天,关键工作没变化。

第四次:选择工作①—③和②—③,同时压缩 10 天,①—③成为 30 天,②—③成为 20 天;工期变为 110 天,关键工作没变化。

【任务总结】

①进度计划检查是进度管理中的重要环节。进度计划检查的方法有横道图法、S曲线法、香蕉曲线法、前锋线法、列表比较法。

②在 BIM5D 软件中，通过计划时间与实际时间的模拟比较，可以直观看到工程的进展情况。

③当实际进度与计划进度之间出现偏差，应当进行调整。调整的方式有改变工期、调整工作持续时间等。当采用工期不变、调整后续工作时，需要调整关键工作，优先选择资源充足、增加费用少的工作。

【学习测试】

一、选择题

1.下列关于工程项目进度管理概念描述正确的是(　　)。

A.施工方工程项目进度管理的目标是工期

B.工程项目进度管理中只关注进度的快慢

C.建设方工程项目进度管理是为了以最快速度交付使用建筑产品

D.工程项目进度管理是考虑质量、费用、进度、安全的综合指标

2.常用的进度计划编制工具有(　　)。

A.横道图　　　　　B.S 形曲线　　　　　C.前锋线　　　　　D.进度计划

3.进度控制的基本原则是:确保(　　)的前提下,控制进度。

A.工期　　　　　B.质量　　　　　C.安全　　　　　D.费用

4.施工中遇到连续 10 天超过合同约定等级的大暴雨天气而导致施工进度的延误,承包商为此事件提出的索赔属于应(　　)。

A.由承包商承担的风险责任　　　　　B.给予费用补偿并顺延工期

C.给予费用补偿但不顺延工期　　　　　D.给予工期顺延但不给费用补偿

5.下面不是描述流水施工空间参数的指标是(　　)。

A.施工层　　　　　B.施工段数　　　　　C.工作面　　　　　D.施工过程数

6.在 BIM5D 中,未划分流水段的情况下,才用(　　)方法进行进度计划与模型的关联。

A.流水段关联　　　　　B.图元关联　　　　　C.构建关联　　　　　D.任务关联

7.在 BIM5D 中,画流水段线框时,为了准确找到定位点,可使用偏移命令。操作为在按住(　　)键的同时,单击鼠标左键。

A. Ctrl　　　　　B. Shift　　　　　C. Alt　　　　　D. Fn

8.大型建设工程项目进度目标分解的工作有:①编制各子项目施工进度计划;②编制施工总进度计划;③编制施工总进度规划;④编制项目各子系统进度计划。正确的目标分解过程是(　　)。

A.②③①④　　　　　B.②③④①　　　　　C.③②①④　　　　　D.③②④①

9.施工段划分时,不应考虑(　　)等因素。

A.工程量大小　　　　　B.工作面　　　　　C.结构整体性　　　　　D.施工过程数

10.基于 BIM5D 的进度管理,下列描述不正确的是(　　　)。

A.能够实现基于时间的整个建造过程的模拟

B.能够实现实际进度与计划进度的偏差分析

C.不能实现计划费用与实际费用的偏差分析

D.不能实现进度款的偏差分析

二、案例题

1.已知工作明细表见表 2.4,试绘制双代号网络图并确定关键线路和总工期。

表 2.4　工作明细表

工作代号	紧后工作	工作历时/d	工作代号	紧后工作	工作历时/d
A	B	3	G	I	7
B	C、D	4	H	—	11
C	E、G、H	6	I	—	4
D	G	5	J	—	3
E	I	5			

2.某工程进度计划网络图如图 2.63 所示。当计划实施到第 4 个月月末时检查发现,工作 B 已完成,工作 A 尚需 3 个月才能完成。各项工作的持续时间和费用率见表 2.5。

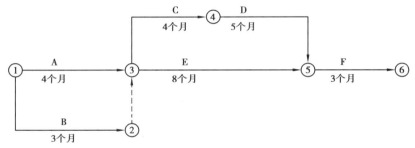

图 2.63　计划网络图

表 2.5

工作	正常持续时间/月	最短持续时间/月	费用率/(万元·月$^{-1}$)
A	4	4	$+\infty$
B	3	3	$+\infty$
C	4	1	4
D	5	2	8
E	8	5	2
F	3	2	5

问题:

(1)工作 A 的实际进度拖后对总工期有何影响? 为什么?

(2)如果工作 A 的实际进度拖后对总工期产生影响,为保证该工程按原计划工期完成,在不改变工作间逻辑关系的前提下,用工期——费用优化的方法,给出直接费用增加最少的调整方案,简要写出调整过程。

3.根据给定的 BIM 模型文件和进度文件,完成以下题目:

模型导入:

(1)将下发的工程文件包中的土建模型"广联达别墅楼主体.GCL10.igms"导入 BIM5D 中。

(2)流水段划分(基础层 1/RF 层不划分流水段):

①按施工方案的要求,基础层作为整体流水施工;基础层和 RF 层不考虑。

②1 层、2 层、3 层分为两个流水段施工,1 区为 1 至 13 轴,二区为 13 轴至 24 轴。

③4,5 层作为整体流水施工。

④流水段命名要求(命名必须与试题要求保持一致):

a.基础层命名为:基础层;流水段名(F0);

b.1 层命名为:1F;流水段名(F1-1、F1-2);

c.2 层命名为:2F;流水段名(F2-1、F2-2);

d.3 层命名为:3F;流水段名(F3-1、F3-2);

e.4 层命名为:4F;流水段名(F4);

f.5 层命名为:5F;流水段名(F5)。

要求,在划分流水段关联构件时,选择全部构件。

(3)进度计划:将下发工程文件包中的"广联达别墅楼主体施工进度计划.zpet"文件导入 BIM5D 中,并将计划与模型进行关联,要求将进度计划中的工程任务项与土建模型进行关联(进度计划中的每一项任务均与土建模型构件同时关联);所有楼层进度计划均需与模型进行关联。

(4)流水段提取:导出根据流水段划分要求中所有流水段的 Excel 表(表格命名为:流水视图_流水段)。

(5)导出 2016 年 4 月 21 日至 2016 年 7 月 13 日的施工模拟动画,命名为施工模拟。

第3章　基于 BIM 的成本管理应用

【教学载体】

广联达员工宿舍楼工程

【教学目标】

1.知识目标

(1)掌握成本管理的原理和方法；

(2)掌握资金计划的内容和流程；

(3)掌握工程价款的结算原理和方法。

2.能力目标

(1)能熟练应用 BIM5D 软件进行预算文件的导入和数据挂接；

(2)能熟练运用 BIM5D 软件进行资金资源曲线的生成和导出；

(3)能熟练运用 BIM5D 软件进行进度报量,工程量、造价数据提取。

3.素质目标

(1)培养理论结合实践的应用能力；

(2)提升相应的职业技能技术及工程项目管理能力。

4.思政目标

(1)培养严谨认真的执业态度；

(2)提升专业爱岗的奉献精神。

【思维导图】

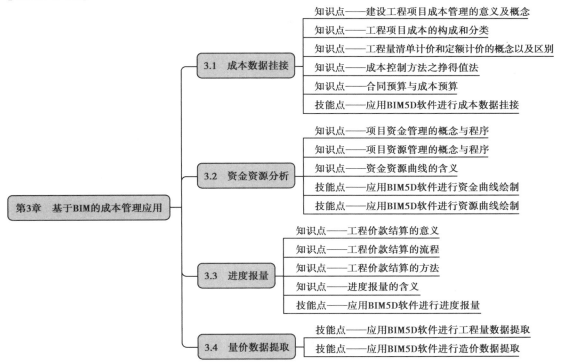

第3章　基于BIM的成本管理应用

3.1　成本数据挂接
- 知识点——建设工程项目成本管理的意义及概念
- 知识点——工程项目成本的构成和分类
- 知识点——工程量清单计价和定额计价的概念以及区别
- 知识点——成本控制方法之挣得值法
- 知识点——合同预算与成本预算
- 技能点——应用BIM5D软件进行成本数据挂接

3.2　资金资源分析
- 知识点——项目资金管理的概念与程序
- 知识点——项目资源管理的概念与程序
- 知识点——资金资源曲线的含义
- 技能点——应用BIM5D软件进行资金曲线绘制
- 技能点——应用BIM5D软件进行资源曲线绘制

3.3　进度报量
- 知识点——工程价款结算的意义
- 知识点——工程价款结算的流程
- 知识点——工程价款结算的方法
- 知识点——进度报量的含义
- 技能点——应用BIM5D软件进行进度报量

3.4　量价数据提取
- 技能点——应用BIM5D软件进行工程量数据提取
- 技能点——应用BIM5D软件进行造价数据提取

【本章导读】

　　成本管理是企业管理的一个重要组成部分,要求系统全面、科学和合理,它对于促进增产节支、加强经济核算、改进企业管理,提高企业整体管理水平具有重大意义。进行成本管理时,需要了解项目各个关键时间节点的项目资金计划,需分析工程进度资金投入计划,根据计划合理调整资源,保证工程顺利实施,采用 BIM 软件结合现场施工进度,提取项目各时间节点的工程量及材料用量。本章通过介绍成本管理原理和方法、资金计划的内容和流程以及工程价款的结算原理和方法,以员工宿舍楼为依托,实现应用 BIM5D 软件进行预算文件的导入和数据挂接、运用 BIM5D 软件进行资金资源曲线的生成和导出、运用 BIM5D 软件进行进度报量、工程量、造价数据提取。

3.1　成本数据挂接

3.1.1　知识点——建设工程项目成本管理的意义及概念

　　建筑行业的市场竞争越来越激烈,能否获取良好的经济效益、立足于行业的先锋,项目成本管理起到了至关重要的作用。项目成本管理制度是否健全、运行情况是否到位,直接影响到一个企业的发展。工程项目管理是对工程建设全过程的管理,它包括从质量管理、工期管理、安全管理、成本管理到合同管理、信息管理、组织协调等方面的管理,而成本管理体现在工程项目管理的全过程,成本项目收入占工程造价的80%以上,是企业转换经营机制的基础和核心。成本管理在施工企业经济管理中的重要性尤为重要。

工程项目成本管理是企业的一项重要的基础管理,是施工企业结合本行业的特点,以施工过程中直接耗费为原则,以货币为主要计量单位,对项目从开工到竣工所发生的各项收支进行全面系统地管理,以实现项目施工成本最优化目的的过程。它包括落实项目施工责任成本,制订成本计划、分解成本指标、进行成本控制、成本核算、成本考核和成本监督的过程。

3.1.2　知识点——工程项目成本的构成和分类

1)工程项目成本的构成

工程项目成本是指施工企业为完成工程项目的建筑安装工程任务所耗费的各项费用的总和。具体包括两部分内容:一是施工生产过程中转移的生产资料的价值;二是工人的劳动耗费所创造的价值,它是以工资和附加类的形式分配给劳动者的个人消费,分为直接成本和间接成本。

(1)直接成本

直接成本是指施工过程中直接耗费的构成工程实体或有助于工程完成的各项支出,包括人工费、材料费、机械使用费和其他直接费。所谓其他直接费是指直接费以外施工过程中的其他费用。

①人工费用包括从事建筑安装工程施工人员的工资、奖金、工资附加费、工资性质的津贴、劳动保护费等。

②材料费用包括从事施工过程中,耗用构成的工程实体的原材料、辅助材料构配件、零件、半成品的费用和周转材料及租赁费用。

③机械使用费用包括施工过程中,使用企业拥有施工机械,所发生的机械使用费用和租用外单位施工机械的租赁费用,以及施工机械的安装、拆卸和进出场。

④其他直接费用包括施工过程中发生的材料二次搬运费用、临时设备费用、生产工具使用费用、检验试验费用、工程定位复测费用、工程点交费用、场地清理费用等。

(2)间接成本

间接成本是指企业的各项目部为施工准备、组织和管理施工生产所发生的全部施工间接费支出。施工项目间接成本包括:

①施工管理人员工资、奖金及按规定提取的职工福利费用。

②工程项目部所使用的固定资产折旧费及修理、物料消耗和低值易耗品费。

③工程项目部所发生的取暖费、水电费、办公费、差旅费、应酬费、财产保险费、检验试验费、劳动保护费、工程保修费、排污费及其他费用。

2)我国现行建筑安装工程费用项目组成

根据住房和城乡建设部、财政部颁布的"关于印发《建筑安装工程费用项目组成》的通知(建标〔2013〕44号)",我国现行建筑安装工程费用项目按两种不同的方式划分,即按费用构成要素划分和按造价形成划分,具体构成如图3.1所示。

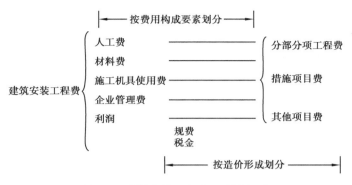

图 3.1　建筑安装工程费用项目组成

3）**工程项目成本的分类**

按成本的核算方法,可将成本划分为预算成本、实际成本和目标成本。

(1)预算成本

预算成本是指根据施工图计算的工程和预算单价确定的工程预算成本,反映了为完成工程项目建筑安装任务所需的直接费用和间接费用。

(2)实际成本

实际成本是指按成本对象和成本项目归集的生产费用支出的总和,指项目在施工生产过程中实际发生的,按一定的成本核算对象和成本项目归集的生产费用支出的总和。

(3)目标成本

目标成本是指按企业的施工预算确定的目标成本,这一目标成本是在项目经理领导下组织施工、充分挖掘潜力、采取有效的技术组织措施和加强管理经济核算的基础上,预先确定的工程项目的成本目标。

3.1.3　知识点——工程量清单计价和定额计价的概念以及区别

1）**工程量清单计价和定额计价的概念**

定额计价是指根据招标文件,按照国家建设行政主管部门发布的建设工程预算定额的"工程量计算规则",同时参照省级建设行政主管部门发布的人工工日单价、机械台班单价、材料以及设备价格信息及同期市场价格,直接计算出直接工程费,再按规定的计算方法计算间接费、利润、税金,汇总确定建筑安装工程造价。

工程量清单计价是招标人根据施工图纸、招标文件要求和统一的工程量计算规则以及统一的施工项目划分规定,为投标人提供工程量清单。投标人根据本企业的消耗标准、利润目标,结合工程实际情况、市场竞争情况和企业实力并充分考虑各种风险因素,自主填报清单所列项目,包括工程直接成本、间接成本、利润和税金在内的单价和合价,并以所报的单价作为竣工结算时增减工程量的计价标准调整工程造价。

2）**工程量清单计价和定额计价的区别**

(1)计价依据存在的区别

传统的定额计价模式是定额加费用的指令性计价模式,它是依据政府统一发布的预算定额、单位估价表确定人工、材料、机械费,再以当地造价部门发布的市场信息对材料价格补差,最后按统一发布的收费标准计算各种费用,最后形成工程造价。这种计价模式的价格都是指令性价格,不能真实反映投标企业在施工中发生费用的实际情况。

工程量清单计价采用的是市场计价模式,由企业自主定价,实行市场调节的"量价分离"的计价模式。工程量清单是由招标人按照招标要求和施工图设计要求,将拟建招标工程的全部项目和内容,依据工程量清单计价规范中统一的项目编码、项目名称、计量单位和工程量计算规则编制的工程数量的表格。投标人依据招标文件以及工程量清单,结合工程实际、市场实际和企业实际,充分考虑各种风险后,提出包括人工费,材料费,机械费,管理费以及利润的综合单价,由此形成工程价格。这种计价方式和计价过程体现了企业对工程价格的自主性,有利于市场竞争机制的形成,符合社会主义市场经济条件下工程价格由市场形成的原则。

(2)单价构成的区别

定额计价采用的单价为定额基价,只包含完成定额子目的工程内容所需的人工费、材料费、机械费不包括间接费、计划利润、独立费及风险,其单价构成是不完整的,不能真实反映建筑产品的真实价格,与市场价格缺乏可比性。

工程量清单计价采用的单价为综合单价,包含了完成规定的计量单位项目所需的人工费、材料费、机械费、管理费、计划利润,以及合同中明示或暗示的所有责任及一般风险,其价格构成完整,与市场价格十分接近,具有可比性,而且直观,简单明了。

(3)费用划分存在区别

定额计价将工程费用划分为定额直接费、其他直接费、间接费、计划利润、独立费用税金,而清单计价则将工程费用划分为分部分项工程量清单、措施项目清单、规费和税金。两种计价模式的费用表现形式不同,但反映的工程造价内涵是一致的。

(4)子目设置的区别

定额计价的子目一般按施工工序进行设置,所包含的工程内容较为单一,细化。而工程量清单的子目划分则是按一个"综合实体"考虑的,一般包括多项工作内容,它将计量单位子目相近、施工工序相关联的若干定额子目组成了一个工程量清单子目,也就是在全国统一的预算定额子目的基础上加以扩大和综合。

(5)计价规则的区别

工程量清单的工程量一般指净用量,它是按照国家统一颁布的计算规则,根据设计图纸计算得出的工程净用量。它不包含施工过程中的操作损耗量和采取技术措施的增加量,其目的在于将投标价格中的工程量部分固定不变,由投标单位自报单价,这样所有参与投标的单位均可在同一条起跑线和同一目标下开展工作,以减少工程量计算失误。

定额计价的工程量不仅包含净用量,还包含施工操作的损耗和采取技术措施的增加量,计算工程量时,要根据不同的损耗系数和各种施工措施分别计量,得出的工程量都不一样,容易引起不必要的争议。而清单工作量计算就简单得多,只计算净用量,不必要考虑损耗量和措施增加用量,计算结果是一致的。

此外,定额计价的工程量计算规则全国各地都不相同,差别较大。而工程量清单的计算规则是全国统一的,确定工程量时不存在地域上的差别,这给招投标工作带来了很大便利。

(6)计算程序存在区别

定额计价法是首先按施工图计算单位工程的分部分项工程量,乘以相应的人工、材料、机械台班单价,再汇总相加得到单位工程的人工、材料和机械使用费之和,然后在此之和的基础上按规定的计费程序和指导费率计算其他直接费、间接费、计划利润、独立费和税金,最终形成单位工程造价。

工程量清单的计算程序是:首先计算工程量清单,其次是编制综合单价,再将清单各分项的工程量与综合单价相乘,得到各分项工程造价最后汇总分项造价,形成单位工程造价。相比之下,工程量清单的计算程序显得简单明了,更适合工程招标采用,特别便于评标时对标的的拆分及对比。

3.1.4　知识点——成本控制方法之挣得值法

1)挣得值法的概念

挣得值法又称为赢得值法或偏差分析法。挣得值法是在工程项目实施中使用较多的一种方法,是对项目进度和费用进行综合控制的一种有效方法。

1967 年美国国防部开发了挣得值法并成功地将其应用于国防工程中,并逐步获得广泛应用。挣得值法的核心是将项目在任一时间的计划指标、完成状况和资源耗费综合度量。将进度转化为货币或人工时,工程量如钢材吨数,水泥立方米,管道米数或文件页数。挣得值法的价值在于将项目的进度和费用综合度量,从而能准确描述项目的进展状态。挣得值法的另一个重要优点是可以预测项目可能发生的工期滞后量和费用超支量,从而及时采取纠正措施,为项目管理和控制提供了有效手段。

2)挣得值法的 3 个基本参数

(1)计划工作量的预算费用

计划工作量的预算费用(BCWS)是指项目实施过程中某阶段计划要求完成的工作量所需的预算工时(或费用)。BCWS 主要是反映进度计划应当完成的工作量而不是反映应消耗的工时(或费用)。

$$BCWS=计划工作量×预算定额$$

(2)已完成工作量的实际费用

已完成工作量的实际费用(ACWP)是指项目实施过程中某阶段实际完成的工作量所消耗的工时(或费用)。ACWP 主要是反映项目执行的实际消耗指标。

$$ACWP=已完工程量×实际费用$$

(3)已完成工作量的预算成本

已完成工作量的预算成本(BCWP)是指项目实施过程中某阶段按实际完成工作量及按预算定额计算出来的工时(或费用)。

$$BCWP=已完工作量×预算定额$$

3）挣得值法的 4 个评价指标

（1）费用偏差

费用偏差（CV）是指检查期间 BCWP 与 ACWP 之间的差异,计算公式为 CV = BCWP − ACWP（当 CV 为负值时表示执行效果不佳,即实际消费人工（或费用）超过预算值即超支。反之当 CV 为正值时表示实际消耗人工（或费用）低于预算值,表示有节余或效率高。CV>0 时表示完成某工作量时,实际资源消耗低于计划值;CV<0 时表示完成某工作量时,实际资源消耗高于计划值;CV = 0 时表示完成某工作量时,实际资源消耗等于计划值。

（2）进度偏差

进度偏差（SV）是指检查日期 BCWP 与 BCWS 之间的差异,其计算公式为:SV = BCWP − BCWS。当 SV 为正值时表示进度提前,SV 为负值时表示进度延误。SV>0 表示实际完成工作量超过计划预算值,即进度提前;SV<0 表示实际完成工作量小于计划预算值,即进度拖延;SV = 0 表示实际完成工作量等于计划预算值,即符合计划进度。

（3）费用执行指标

费用执行指标（CPI）是指预算费用与实际费用值之比（或工作时之比）,其计算公式为:CPI = BCWP/ACWP。CPI>1 表示低于预算;CPI<1 表示超出预算;CPI = 1 表示实际费用与预算费用吻合。

（4）进度执行指标

进度执行指标（SPI）是指项目挣得值与计划值之比。其计算公式为:SPI = BCWP/BCWS。SPI>1 表示进度提前;SPI<1 表示进度延误;SPI = 1 表示实际进度等于计划进度。

3.1.5　知识点——合同预算与成本预算

在 BIM5D 软件中会涉及合同预算与成本预算两类预算文件,其中合同预算是指中标之后,和甲方签订合同并作为合同中的主要部分的内容,主要明确各项清单的综合单价和各项其他费用;成本预算是指中标之后,总包单位进行内部实际成本核算的主要商务内容,包括实际材料价、人工价等。

在软件的实施过程中,项目部利用 BIM5D 进行商务成本管理,将编制好的合同预算和成本预算文件导入 BIM5D 系统,与模型进行关联,为项目成本管理奠定基础。模型关联有两种方式进行数据挂接,即清单匹配和清单关联。其中,清单匹配是将导入的预算清单和模型自身的模型清单进行匹配,清单关联是将导入的预算清单和模型图元进行关联。

3.1.6　技能点——应用 BIM5D 软件进行成本数据挂接

本节内容为根据给定的"广联达员工宿舍楼"资料,完成本工程成本数据挂接。

1）新建工程

双击 BIM5D 软件图标,启动软件,新建项目,填入工程名称"员工宿舍楼",如图 3.2 所示。

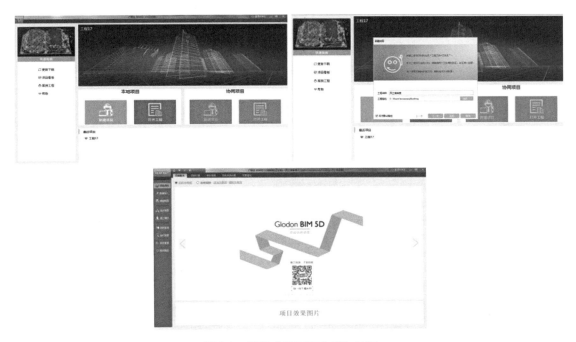

图 3.2　新建"员工宿舍楼"工程

2）**导入相应的模型文件**

（1）导入土建和钢筋模型

选择"数据导入"模块，选择"实体模型"，在"模型导入"菜单单击"添加模型"，导入土建和钢筋模型，如图 3.3 所示。

图 3.3　导入土建和钢筋模型

（2）导入预算文件

选择"预算导入"模块,单击"添加预算书",完成添加操作,如图 3.4 所示。

图 3.4 添加预算文件

（3）清单匹配

为使预算文件与模型文件产生关联,需要对成本进行数据挂接,数据挂接主要通过"清单匹配"和"清单关联"两种方式,对于土建和钢筋模型中含有预算清单项的,可以采用"清单匹配"的方式实现数据挂接;而对于土建和钢筋模型文件中不含有预算清单的,采用"清单关联"进行数据挂接。

单击"清单匹配"按钮,弹出清单匹配界面,在清单匹配界面选择"汇总方式"为"全部汇总",然后单击"自动匹配"按钮。弹出自动匹配界面,默认单击确定进行清单匹配,如图 3.5 所示。

图 3.5　清单匹配

由于算量文件与计价文件的清单匹配在每一项的项目编码、项目名称、单位、项目特征等方面存在一些差异,通过自动匹配会有部分的构件没有匹配上清单,如图 3.6 所示。

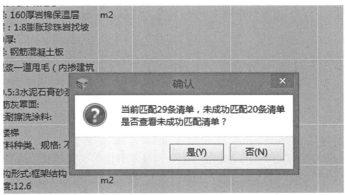

图 3.6　部分清单通过自动匹配未匹配

这时,可以通过"手工匹配"这一功能进行匹配,单击"手工匹配"按钮,选择未匹配成功的清单,以"回填方"为例,在"选择预算清单"菜单里,进行"条件查询",输入名称"回填方",在右侧出现的清单中选择对应的清单项,进行匹配,如图 3.7 所示。

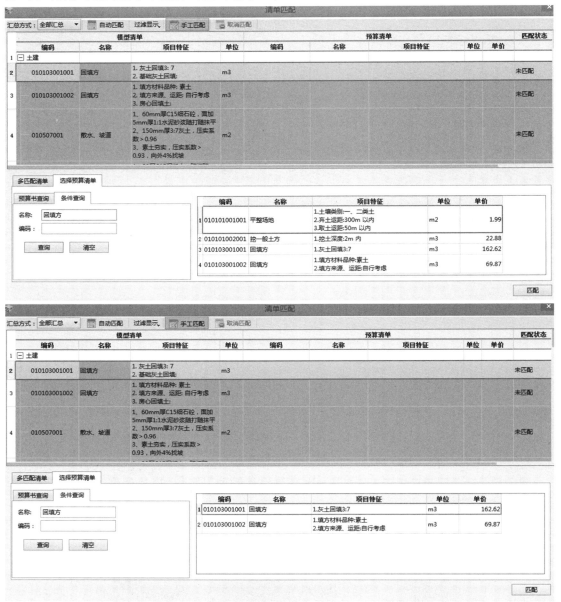

图 3.7　通过手工匹配进行清单匹配

(4)清单关联

对于模型文件中不含清单项的,可用"清单关联"按钮实现,单击"清单关联",进入清单关联界面,在清单关联界面,可以实现对分部分项工程、措施项目以及其他费用的关联,清单关联界面如图 3.8 所示。

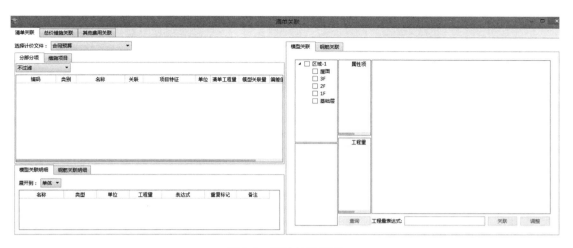

图 3.8　清单关联界面

以分部分项工程中的清单项"平整场地"为例,选择所要关联的计价文件,在界面右侧区域查询计价文件所对应的模型,属性项勾选"名称""备注""构件名称","工程量"选项中勾选"面积",单击"查询",工程量表达式为"MJ",选择对应的模型项,单击"关联",如图 3.9 所示。

图 3.9　清单关联

（5）更新预算文件

当预算书有变更时,可以更新预算文件。更新的预算文件中的编码、名称、项目特征、单位不变,仅单价变化,故无须重新进行清单匹配,已完成的清单匹配记录自动保留。在软件中单击"更新预算文件",完成对预算文件的更新,如图 3.10 所示。

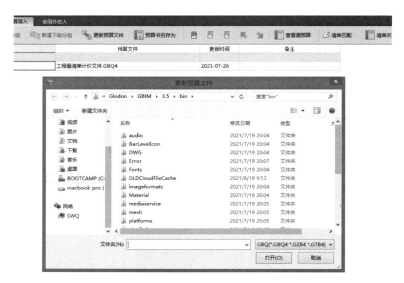

图 3.10　更新预算文件

3.2　资金资源分析

3.2.1　知识点——项目资金管理的概念与程序

施工项目资金管理指的是工程项目管理部门根据工程项目环节中资金运营的情况与规律,进行资金的收支预算、制订资金投资计划、对资金投入进行筹集、资金支出情况以及核算分析等这一系列的关于资金方面的管理工作。工程项目的资金管理工作中的各个环节配合协调,对整个工程项目会起到一定的积极作用。

资金是企业拥有、占有和支配的财产物质价值形态,是企业进行生产经营活动的前提条件和物质基础。企业应在其财务部门设立项目专用账号,由财务部门统一对外,所有资金的收支均按财务制度的要求由财务部门对外运作,资金进入财务部门后,按照承包人的资金使用制度分流到项目。项目经理部负责施工项目资金的使用管理。项目资金管理的步骤如下:

1)施工项目资金管理计划

年度资金收支计划的编制,要根据施工合同工程款支付的条款和年度生产计划安排,预测年内可能达到的资金收入,安排好工、料、机费用等资金分阶段投入,做好收入与支出在时间上的平衡。编制年度计划,主要是摸清工程款到位情况,测算筹集资金的额度,安排资金分期支付计划,平衡资金,确立年度资金管理工作总体安排。季度、月度资金收支计划的编制,是年度资金收支计划的落实和调整,要结合生产计划的变化,安排好季、月度资金收支。特别是月度资金收支计划,要以收定支,量入为出。

2）施工项目资金预测

（1）资金收入预测

项目资金是按项目合同价款收取的,在施工项目实施过程中,应从收取工程预付款开始,每月按进度收取工程进度款,到最终竣工结算。应依据项目施工进度计划及施工项目合同按时间测算收入数额,做出项目收入预测表,绘出项目资金按月收入图及项目资金按月累加收入图。资金收入测算工作应注意以下问题:

①由于资金测算是一项综合性工作,因此要在项目经理主持下,由职能人员参加,共同分工负责完成。

②加强施工管理,依据合同保质、保量、按期完成,以免因质、量、工期的问题被罚款造成经济损失。

③严格按合同规定的结算办法测算每月实际应收的工程进度款数额,同时要注意收款滞后的时间因素。

（2）资金支出预测

①项目资金支出预测的依据有成本费用控制计划;施工组织设计;材料、物资储备计划。根据以上依据,测算出随施工项目的实施,每月预计的人工费、材料费、机械使用费等各项支出,使整个项目费用的支出在时间上和数量上有个总体概念,以满足项目资金管理上的需要。

②项目资金支出预测程序。根据成本控制计划、施工组织设计、物资储备计划测算出每月支出款额,绘制项目费用支出图,最后绘制项目费用支出累加图。

③资金收入与支出的对比。将施工项目资金收入预测累计结果和支出预测累计结果绘制在一个坐标图上,绘制出现金收入与支出对比示意图。

3）施工项目资金的来源与筹措

（1）项目施工过程所需要的资金来源

资金来源一般是在承包合同条件中做出规定,由发包方提供工程备料款和分期结算工程款。为了保证生产过程的正常进行,施工企业可垫支部分自有资金,但应有所控制,以免影响整个企业生产经营活动的正常进行。因此,施工项目资金来源渠道是预收工程备料款;已完施工价款结算;银行贷款;企业自有资金;其他项目资金的调剂占用。

（2）资金筹措的原则

①充分利用自有资金。

②必须在经过收支对比后,按差额筹措资金,以免造成浪费。

③尽量利用低利率的贷款。

④施工项目资金的使用管理。

建立健全施工项目资金管理责任制,明确项目资金的使用管理由项目经理负责,项目经理部财务人员负责协调组织日常工作,做到统一管理、归口负责,明确项目预算员、计划员、统计员、材料员、劳动定额员等有关职能人员的资金管理职责和权限。

（3）项目资金的使用原则

项目资金的使用管理应本着促进生产、节省投资、量入为出、适度负债的原则进行。

本着国家、企业、员工三者利益兼顾的原则,优先考虑上缴国家的税金和应上缴的各项管理费;要依法办事,按照劳动法律法规保证员工工资按时发放,按照劳务分包合同,保证外包工劳务费按合同规定结算和支付,按材料采购合同按期支付货款,按分包合同支付款项。

（4）项目资金的使用管理

项目资金的使用管理反映了项目施工管理的水平,从施工计划安排、施工组织设计、施工方案的选择上,用先进的施工技术提高效率、保证质量、降低消耗,努力做到以较少的资金投入,创造较大的经济价值。

项目经理部按组织下达的用款计划控制使用资金,以收定支,节约开支。应按会计制度规定设立财务台账,记录资金支出情况,加强财务核算,及时盘点盈亏。

①按用款计划控制资金使用,项目经理部各部门每次领用支票或现金,都要填写用款申请表,由项目经理部部门负责人具体控制该部门支出。额度不大时可在月度用款计划范围内由经办人申请,部门负责人审批。各项支出的有关发票和结算验收单据,由各用款部门领导签字,并经审批人签证后,方可向财务报账。

②设立财务台账,记录资金支出。为预防债务问题,作会计账不便于对各工程繁多的债务债权逐一开设账户,作出记录,因此,为控制资金,项目经理部需设立财务台账,作为会计核算的补充记录,进行债权债务的明细核算。

③加强财务核算,及时盘点盈亏。项目经理部要随着工程进展定期进行资产和债务的清查,由于单位工程只有到竣工时决算,才能确定最终该工程的盈利准确数字,在施工中的财务结算只是相对准确。所以要根据工程完成部位,适时地进行财产清查。对项目经理部所有资产方和所有负债方及时盘点,通过资产和负债加上级拨付资金平衡关系比较得出盈亏趋向。

（5）资金的风险管理

注意发包方资金到位情况,签订好施工合同,明确工程款支付办法和发包方供料范围。在发包方资金不足的情况下,尽量要求发包方供应部分材料,要防止发包方把属于甲方供料、甲方分包的内容转给承包方支付。

关注发包方资金动态,在已经发生垫资施工的情况下,要适当掌握施工进度,以利于回收资金,如果出现工程垫资超出原计划控制幅度,要考虑调整施工方案,压缩规模,甚至暂缓施工,并积极与发包方协调,保证开发项目,以利于回收资金。

3.2.2 知识点——项目资源管理的概念与程序

资源是对项目中使用的人力资源、材料、机械设备、技术、资金和基础设施的总称。

资源管理是对项目所需人力、材料、机械设备、技术、资金和基础设施所进行的计划、组织、指挥、协调和控制等活动,资源管理应以实现资源优化配置、动态控制和成本节约为目的。优化配置就是按照优化的原则安排各资源在时间和空间上的位置,满足生产经营活动的需要,在数量、比例上合理,实现最佳的经济效益。另外,还要不断调整各种资源的配置和组合,最大限度地使用项目部有限的人、财、物去完成施工任务,始终保持各种资源的最优组合,努力节约成本,追求最佳经济效益。

工程项目资源管理对施工企业而言就是施工项目生产要素的管理,即施工企业投入施工项目中的劳动力、材料、机械设备、技术和资金等要素,其构成了施工生产的基本活劳动与物化劳动的基础项目。生产要素管理的全过程应包括生产要素的计划、供应、使用、检查、分析和改进。

项目资源管理的程序如下所述。

1)编制项目资源管理计划

项目施工过程中,往往涉及多种资源,如人力资源、原材料、机械设备、施工工艺及资金等,因此,在施工前必须编制项目资源管理计划。施工前,工程总承包商的项目经理部必须制订出指导工程施工全局的施工组织计划,其中,编制项目资源管理计划便是施工组织设计中的一项重要内容。为了对资源的投入量、投入时间、投入步骤有一个合理的安排,在编制项目资源管理计划时,必须按照工程施工准备计划,施工进度总计划和主要分部(项)工程进度计划以及工程的工作量,套用相关的定额,来确定所需资源的数量、进场时间、进场要求和进场安排,编制出详尽的需用计划表。

2)保证资源的供应

在项目施工过程中,为保证资源的供应,应当按照编制的各种资源计划,派专业部门人员负责组织资源的来源,进行优化选择,并把它投入施工项目管理中,使计划得以实施、施工项目的需要得以保证。

3)节约使用资源

在项目施工过程中,资源管理的最根本意义就在于节约活劳动及物化劳动,因此,节约使用资源应该是资源管理诸环节中最为重要的一环。要节约使用资源,就要根据每种资源的特性,设计出科学的措施,进行动态配置和组合,协调投入,合理使用,不断地纠正偏差,以尽可能少的资源满足项目的使用要求,达到节约的目的。

4)对资源使用情况进行核算

资源管理的另一个重要环节,就是对施工项目投入资源的使用和产出情况进行核算。只有完成了这个程序,资源管理者才能做到心中有数,才知道哪些资源的投入、使用是恰当的,哪些资源还需要进行重新调整。

5)对资源使用效果进行分析

对资源使用效果进行分析,一方面是对管理效果的总结,找出经验问题,评价管理活动;另一方面又为管理者提供储备与反馈信息,以指导以后的管理工作。

3.2.3　知识点——资金资源曲线的含义

资金计划、资源计划以曲线的形式进行展示,可以十分直观地反映项目的资金运作及资源利用情况,做资源分析,辅助编制项目资金计划。事前统计施工周期内所需资金量及主要材料量,根据其曲线做相应决策及准备。

在软件操作中,利用 BIM5D 平台模拟资金曲线进行进度款分析,通过合理配置资金,最大限度地节约资金成本。利用 BIM5D 平台模拟进行资源曲线分析,针对提取的主材资源曲线在该进度时间中的合理性进行分析,找出波峰及波谷时间段安排得不合理的地方,并进行相应调整。

3.2.4　技能点——应用 BIM5D 软件进行资金曲线绘制

根据给定的"广联达员工宿舍楼"资料,提取 2018 年 7 月 1—31 日资金曲线,按周进行分析,并导出 Excel 表格用于数据分析。

1)选择"资金曲线"选项

在定义模型流水段并进行关联、导入进度模型并进行关联、导入预算文件并关联之后可以利用 BIM5D 绘制资金曲线,以便制订工程进度资金投入计划,根据计划合理调整资源,保证工程顺利实施。

单击软件中"施工模拟"主菜单,选择"视图"栏,勾选"资金曲线"选项,如图 3.11 所示。

图 3.11　勾选"资金曲线"选项

2)"资金曲线"功能设置

资金计划的时间设置,在时间栏上选择 2018 年 7 月 1—31 日,在下方菜单栏,选择"曲线图"、曲线类型选择"计划曲线、实际曲线、实际-计划曲线""累计值""按周",如图 3.12 所示。

图 3.12　相应功能设置

设置好相应的选项,单击"费用预计算""刷新曲线"进行资金曲线绘制,如图 3.13 所示。

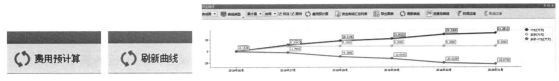

图 3.13　绘制资金曲线

3）**导出资金曲线**

资金曲线可以图和表的方式导出。单击"导出图表",可以把资金曲线导出,用于资金计划的控制和使用,如图 3.14 所示。

图 3.14　导出资金曲线图

单击"资金曲线汇总列表",可以用图表的形式表示资金计划,同时把资金计划表导出,如图 3.15 所示。

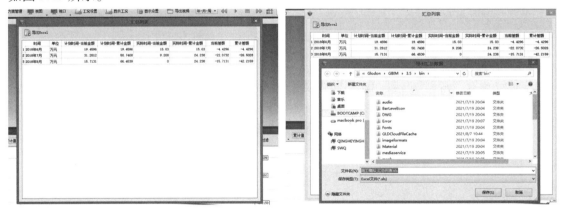

图 3.15　导出资金计划表

3.2.5　技能点——应用 BIM5D 软件进行资源曲线绘制

根据给定的"广联达员工宿舍楼"资料,提取 2018 年 7 月 1—31 日的人工工日曲线和钢筋混凝土曲线,按周进行分析,并导出 Excel 表格用于数据分析。

1）**"模型资源量"资源曲线绘制**

单击软件中"施工模拟"主菜单,选择"视图"栏,勾选"资源曲线"选项,如图 3.16 所示。

在软件中,表示资源曲线有两种方式,即模型资源量和预算资源量,模型资源量中主要表示的是混凝土和钢筋的量;预算资源量主要表示的是人、材、机等预算计划中的资源量。

首先以"模型资源量"为例,选择模型资源量,设置相应参数,单击"资源预计算""刷新曲线",绘制出资源曲线,如图 3.17 所示。

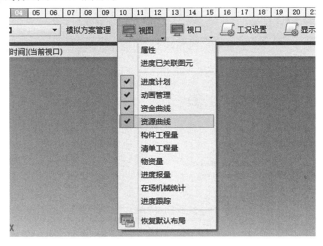

图 3.16　选择"资源曲线"选项

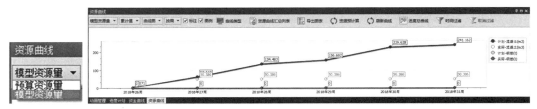

图 3.17　钢筋混凝土资源曲线绘制

2)"预算资源量"资源曲线绘制

选择"预算资源量"选项,单击"曲线设置",在弹出的对话框中进行设置,以"综合工日"为例,单击"添加到曲线",进行命名以及颜色设置,最后单击"确定",如图 3.18 所示。

图 3.18　资源曲线设置

曲线设置完成后,单击"资源预计算""刷新曲线",绘制出资源曲线,如图 3.19 所示。

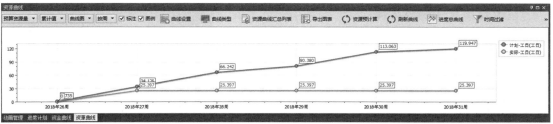

图 3.19　"工日"资源曲线

3）导出资源曲线

资源曲线导出的方法与资金曲线的导出方法相同。

3.3　进度报量

3.3.1　知识点——工程价款结算的意义

工程价款结算是指承包商在工程实施过程中,依据承包合同中关于付款条款的规定和已完成的工程量,并按照规定的程序向建设单位(业主)收取价款的经济活动。工程价款结算是反映工程项目实施中的一项十分重要的工作,主要表现在:

1）工程价款结算是反映工程进度的主要指标

在施工过程中,工程价款的依据之一就是按照已完成的工程量进行结算,也就是说,承包商完成的工程量越多,所应结算的工程价款就越多。所以,根据累计已结算的工程价款占合同总价款的比例,就能够近似地反映工程的进展情况,有利于掌握工程进度。

2）工程价款结算是加速资金周转的重要环节

承包商能够尽快尽早地结算工程款,既有利于偿还债务和资金回笼,也能够降低成本。

3）工程价款结算是考核经济效益的重要指标

对于承包商而言,只有工程款得到如数结算,才意味着避免了经营风险,承包商也才能够获得相应的利润,进而实现良好的经济效益。

3.3.2　知识点——工程价款结算的流程

结算时,除了合同约定的项目和金额,还有变更单、甲方与监理签字盖章的所有新增、调减的项目单据、月进度款单据、超过一定百分比(如 10%)的材料涨价凭证等,都纳入工程款结算。具体流程是:

1）核对与编制好结算资料

任何一个工程项目,在编制结算时都要以相关资料为依据。因此在审核时,首先要对相关资料进行审查。

2）工程量是审核的关键

工程量、价是工程造价的主体。运作中具有较大的弹性和隐蔽性。审核工程量是重点，也是难点。

3）定额单价的审核不可忽视

在一般情况下，对工程的定额单价都有具体规定，编制工程结算时只要参照定额单价的明细子目直接就可以套用。然而在实际操作中，定额单价套用往往会出现差错。

4）其他费用的审核坚持合情合理

其他费用，由于计算方法不同于工程量和定额单价的套用，故在审核中要根据费用的发生具体对待。

法律依据：《建设工程价款结算暂行办法》第十一条工程价款结算应按合同约定办理，合同未作约定或约定不明的，发、承包双方应依照下列规定与文件协商处理：

①国家有关法律、法规和规章制度。

②国务院建设行政主管部门、省、自治区、直辖市或有关部门发布的工程造价计价标准、计价办法等有关规定。

③建设项目的合同、补充协议、变更签证和现场签证，以及经发、承包人认可的其他有效文件。

④其他可依据的材料。

3.3.3　知识点——工程价款结算的方法

1）按月结算

实行旬末或月中预支，月终结算，竣工后清算的方法。跨年度竣工的工程，在年终进行工程盘点，办理年度结算。

2）竣工后一次结算

建设项目或单项工程全部建筑安装工程建设期在 12 个月以内，或者工程承包价值在 100 万元以下的，可以实行工程价款每月月中预支，竣工后一次结算。

3）分段结算

即当年开工，当年不能竣工的单项工程或单位工程按照工程形象进度，划分不同阶段进行结算。

4）目标结算方式

即在工程合同中，将承包工程的内容分解成不同的控制界面，以业主验收控制界面作为支付工程款的前提条件。也就是说，将合同中的工程内容分解成不同的验收单元，当施工单位完成单元工程内容并经业主验收后，业主支付构成单元工程内容的工程价款。

在目标结算方式下，施工单位要想获得工程价款，必须按照合同约定的质量标准完成界面内的工程内容，要想尽早获得工程价款，施工单位必须充分发挥自己的组织实施能力，在保证质量的前提下,加快施工进度。

5)结算双方约定的其他结算方式

实行预收备料款的工程项目,在承包合同或协议中应明确发包单位(甲方)在开工前拨付给承包单位(乙方)工程备料款的预付数额、预付时间,开工后扣还备料款的起扣点、逐次扣还的比例,以及办理的手续和方法。

按照我国有关规定,备料款的预付时间应不迟于约定的开工日期前 7 天。发包方不按约定预付的,承包方在约定预付时间 7 天后向发包方发出要求预付的通知。发包方收到通知后仍不能按要求预付,承包方可在发出通知后 7 天停止施工,发包方应从约定应付之日起向承包方支付应付款的贷款利息,并承担违约责任。

3.3.4　知识点——进度报量的含义

在实际项目施工过程中,需要根据工程进度向甲方上报形象进度工程量,以每月的进度报量作为工程进度款支付的依据。在软件操作中,利用 BIM5D 进行进度报量工作,按月进行工程量提报,定期与甲方进行进度款结算。进度报量功能可以查看完工量对比、物资量统计对比、清单量统计对比、形象进度对比等内容,其中物资量统计对比和清单量统计对比的数据可以导出表格信息。

3.3.5　技能点——应用 BIM5D 软件进行进度报量

根据给定的"广联达员工宿舍楼"资料进行月度工程款提报。假定每月结算周期从本月 5 号到下月 5 号为一个月度周期,现需要将整个工期提取每月月度报量数据,作为报量依据。

1)选择"进度报量"选项

在"施工模拟"模块中,单击"视图"菜单下"进度报量",如图 3.20 所示。

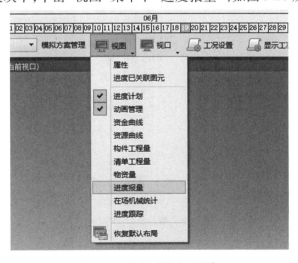

图 3.20　选择"进度报量"

单击新增,设置统计方式、统计周期和截止日期。以第一期报量为例,设置 7 月 5 日为截止时间,如图 3.21 所示。

图 3.21　设置进度报量选项

2）查看完工量对比

在查看完工量对比选项下,可以看到本期计划完成和实际完成的百分比。在界面上方刷新或单击鼠标右键,可对进度报量进行刷新,从进度计划刷新计划完工量及实际完工量。根据所选择的时间段,通过施工模拟进度关联任务的完成率,对构件的完成量进行对比。其中实际完成中的本期完成可以手动修改,并且对后续任务可产生影响。设置完成后,可以单击锁定按钮,把此条进度报量进行锁定,同时也可以再单击解锁进行解除,如图 3.22 所示。

图 3.22　查看完工量对比

3）查看物资量统计对比

可以输入材料、规格型号、工程量类型等查询条件进行筛选过滤,会显示查询出的每一项物资的规格型号、工程量类型、单位、计划完工量、实际完工量和量差等信息。单击导出 Excel 数据,可以选择本期或多期物资对比数据进行导出,如图 3.23 所示。

图 3.23　查看物资量统计对比

4）查看清单量统计对比

可以输入材料、规格型号、工程量类型等查询条件进行筛选过滤，会显示查询出的每一项清单对应的合同预算及成本预算综合单价、计划完工量、实际完工量和量差。单击导出Excel 数据，可以选择本期或多期清单量对比数据进行导出，如图 3.24 所示。

图 3.24　查看清单量统计对比

5）查看形象进度对比

可以单击显示设置，进行不同状态模型显示颜色的修改等。共分为 4 种状态显示模型，即上一期已经完成、提前、正常、延迟。

上一期已经完成表示截止到上期已经实际完成的进度计划模型；提前表示下期的提前至本期的进度计划模型；正常表示本期正常完成的进度计划模型；延后表示本期延后至下期的进度计划模型，如图 3.25 所示。

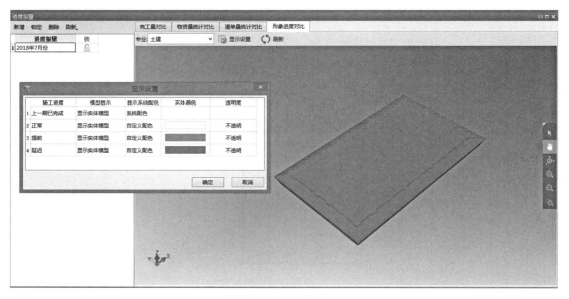

图 3.25　查看形象进度对比

3.4　量价数据提取

量价数据提取指通过软件按照工程要求完成规定时间内工程量、造价等数据的提取,导出表格用于数据分析。高级工程量查询功能可以基于时间范围、楼层、流水段及构件类型等条件进行构件工程量和清单工程量的提取。

3.4.1　技能点——应用 BIM5D 软件进行工程量数据提取

在"模型视图"模块中,单击右上角的"高级工程量查询"按钮,进入查询界面,如图 3.26所示。

选择查询的方式,进行工程量的查询。下面以时间范围为例进行查询,其他查询条件同物资查询条件设定,不再单独进行阐述,各项目团队可根据需求自行选择。在选择了查询类型之后,选择对应的计划时间或实际时间范围。以 7 月 5 日到 8 月 5 日的报量周期为例,如图 3.27 所示。

单击"下一步",然后单击汇总工程量,可以看到所选时间范围内的构件工程量及清单工程量。清单量及构件量均可设置汇总方式,清单工程量还可以选择是按合同预算或成本预算查看,单击当前清单资源量或全部资源量还可以查看清单项的人料机资源信息,如图3.28、图 3.29 所示。

单击导出工程量,可以将构件工程量及清单工程量导出 Excel 表格信息,如图 3.30、图3.31所示。

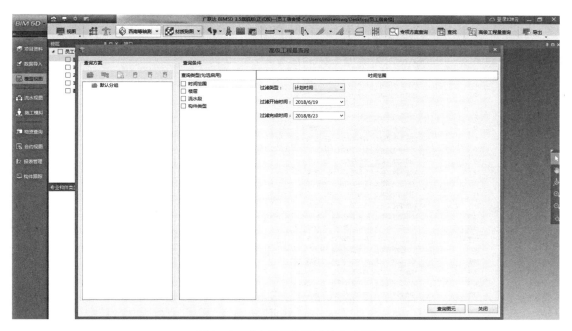

图 3.26 "高级工程量查询"界面

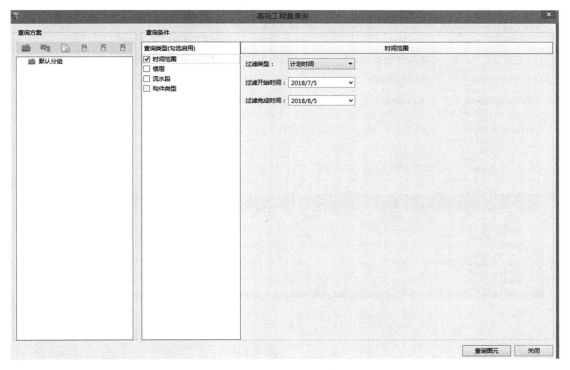

图 3.27 高级工程量查询设置

图 3.28　构件工程量

图 3.29　清单工程量

图 3.30　构件工程量导出

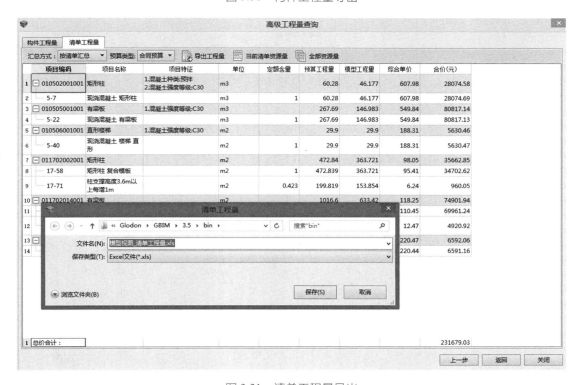

图 3.31　清单工程量导出

3.4.2 技能点——应用 BIM5D 软件进行造价数据提取

1）高级工程量查询——按流水段维度

在"模型视图"模块,单击"高级工程量查询",如图 3.32 所示。

图 3.32　高级工程量查询界面

进入高级工程量查询界面,在"查询条件"下面勾选"流水段",勾选右侧"基础层",如图 3.33 所示。

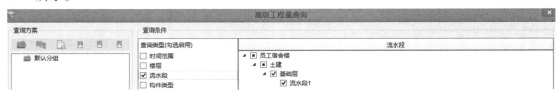

图 3.33　查询设置

单击右下角"查询图元",进入查询界面,查询区域所有构件的造价信息,然后单击右下角"汇总工程量",如图 3.34 所示。

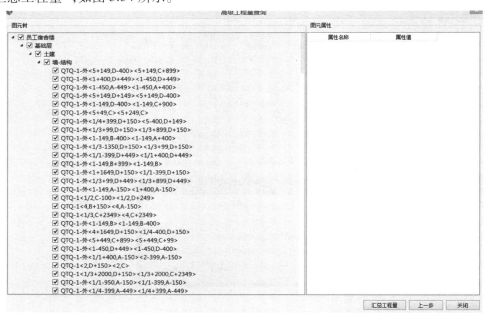

图 3.34　汇总工程量

进入汇总界面,选择"清单工程量",汇总方式为"按清单汇总",预算类型合同预算,单击"导出工程量",导出造价数据分析,如图 3.35、图 3.36 所示。

图中为"高级工程量查询"界面，包含两个选项卡"构件工程量"和"清单工程量"。

汇总方式：按清单汇总　预算类型：合同预算　导出工程量　当前清单资源量　全部资源量

	项目编码	项目名称	项目特征	单位	定额含量	预算工程量	模型工程量	综合单价	合价(元)
1	010101002001	挖一般土方	1.挖土深度：2m 内	m3		983.84	983.84	22.88	22510.26
2	1-8	机挖土方 槽深5m以内 运距1km以内	m3	1	983.84	983.84	22.88	22510.26
3	010401001001	砖基础	1.砖品种、规格、强度等级：240*115*53mm	m3		34.26	34.26	1156.64	39626.49
4	4-1	砖砌体 基础		m3	1	34.26	34.26	1156.64	39626.49
5	010501001001	垫层	1.混凝土强度等级:C15	m3		35.85	35.85	504.71	18093.85
6	5-150	混凝土垫层		m3	1	35.85	35.85	504.71	18093.85
7	010501002001	带形基础	1.混凝土强度等级:C30	m3		242.55	242.55	550.88	133615.94
8	5-1	现浇混凝土 带型基础		m3	1	242.55	242.55	550.88	133615.94
9	010502001001	矩形柱	1.混凝土种类:预拌 2.混凝土强度等级:C30	m3		60.28	3.213	607.98	1953.39
10	5-7	现浇混凝土 矩形柱		m3	1	60.28	3.213	607.98	1953.44
11	010503001001	基础梁	1.混凝土强度等级:C30	m3		50.39	50.39	571.34	28789.82
12	5-12	现浇混凝土 基础梁		m3	1	50.39	50.39	571.34	28789.82
13	011702001001	基础		m2		311.36	311.36	60.5	18837.28
14	17-44	垫层		m2	0.114	35.585	35.495	28	993.86
15	17-45	带形基础 有梁式		m2	0.886	275.775	275.865	64.69	17845.71
16	011702002001	矩形柱		m2		472.84	27.142	98.05	2661.29
17	17-58	矩形柱 复合模板		m2	1	472.839	27.142	95.41	2589.62
18	17-71	柱支撑高度3.6m以上 每增1m		m2	0.423	199.819	11.481	6.24	71.64
19	011712005001	基础梁		m2		245.4	245.4	96.43	23663.92
20	17-72	基础梁 复合模板		m2	1	245.4	245.4	96.43	23663.92

图 3.35　清单工程量

图中为"清单工程量"保存对话框界面。

保存路径：« Glodon ▸ GBIM ▸ 3.5 ▸ bin ▸　　搜索"bin"

文件名(N)：模型视图_清单工程量.xls

保存类型(T)：Excel文件(*.xls)

浏览文件夹(B)　　保存(S)　　取消

图 3.36　清单工程量导出

2）高级工程量查询——按时间维度

在"模型视图"模块，单击"高级工程量查询"，如图 3.37 所示。

图 3.37　高级工程量查询界面

进入高级工程量查询界面，在"查询条件"下面勾选"时间范围"，右侧过滤类型选择"计划时间"，过滤开始时间为"2018/6/19"，过滤完成时间为"2018/8/23"，设置好之后单击右下角"查询图元"，如图 3.38 所示。

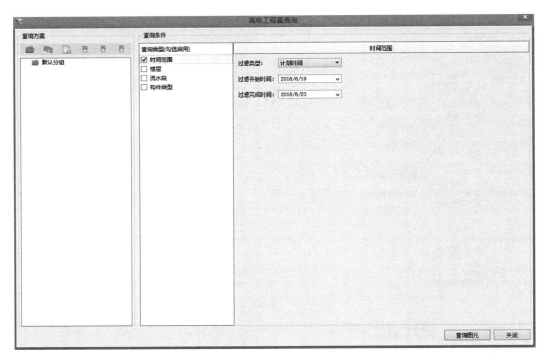

图 3.38　查询时间设置

进入查询界面,查询区域所有构件的造价信息,然后单击右下角"汇总工程量",如图3.39所示。

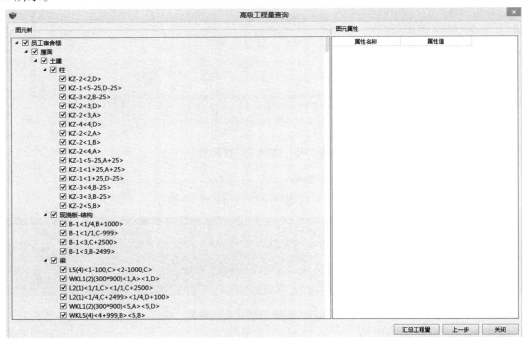

图 3.39　汇总工程量

进入汇总界面,选择"清单工程量",汇总方式为"按清单汇总",预算类型为合同预算,单击"导出工程量",导出造价数据分析,如图 3.40、图 3.41 所示。

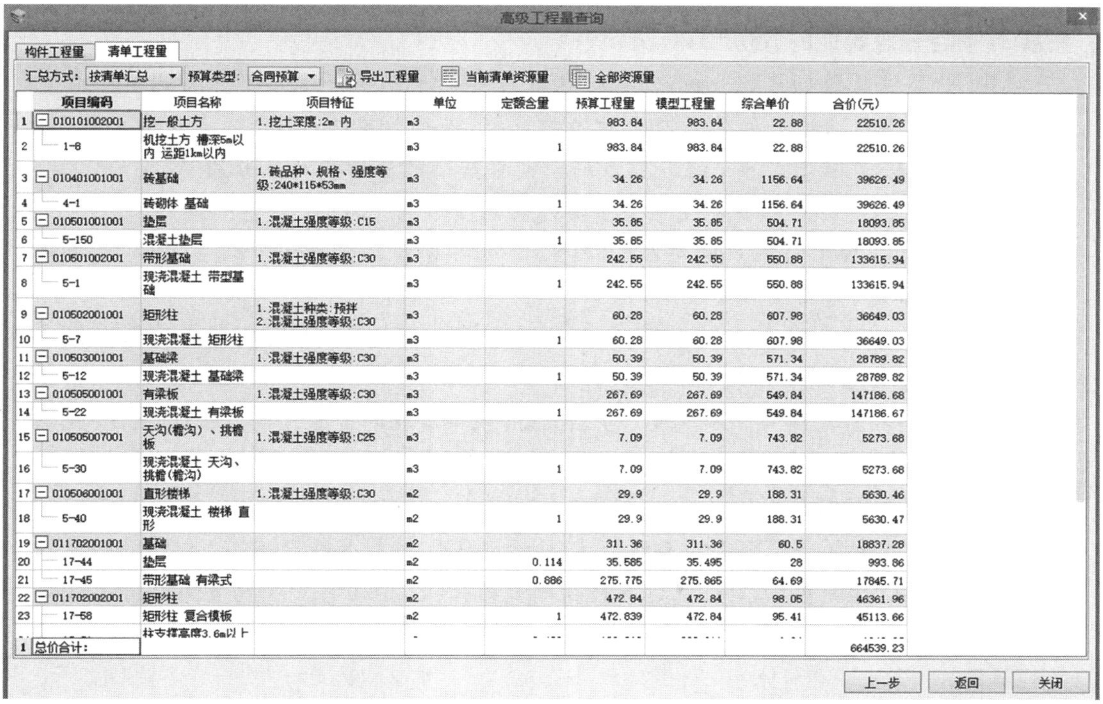

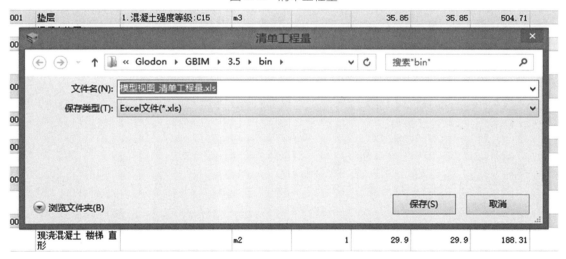

图 3.40　清单工程量

图 3.41　清单工程量导出

【学习测试】

1. 建设工程项目成本管理的意义是什么?

2. 建筑安装工程费用项目组成是什么?

3. 项目资金管理的程序是什么?

4. 工程价款结算的流程是什么?

【知识拓展】

拓展 1：项目资源管理的方法"ABC 分类法"

ABC 分类法又称帕累托分析法,也称主次因素分析法,是项目管理中常用的一种方法。它是根据事物在技术或经济方面的主要特征,进行分类排队,分清重点和一般,从而有区别地确定管理方式的一种分析方法。由于它把被分析的对象分为 A、B、C 三类,所以又称 ABC 分析法。根据存货的重要程度把存货归为 A、B、C 三类:

A 类物品:品种比例在 10%左右,占比很小;但年消耗的金额比例约为 70%,比重较大,是关键的少数,需要重点管理。

B 类物品:品种比例在 20%左右;年消耗的金额比例约为 20%,品种比例与金额比例基本持平,常规管理即可。

C 类物品:品种比例在 70%左右,占比很大;但年消耗的金额比例在 10%上下,此类物品数量多,占用了大量管理成本,但年消耗的金额很小,只需一般管理即可。

拓展 2：工程结算案例分析

某建筑工程承包合同总额为 600 万元,计划 2020 年上半年内完工,主要材料及结构件金额占工程造价的 62.5%,预付备料款额度为 25%,2020 年上半年各月实际完成施工产值见表 3.1(单位:万元),最后一月预留合同总额的 5%作保留金。求如何按月结算工程款。

表 3.1　实际完工施工产值

2 月	3 月	4 月	5 月(竣工)
100	140	180	180

第4章 基于 BIM 的质安管理应用

【教学载体】

广联达员工宿舍楼工程

【教学目标】

1.知识目标

（1）掌握建设工程现场质量问题识别的方法；

（2）掌握建设工程现场安全隐患的识别；

（3）掌握工程项目安全巡检的内容。

2.能力目标

（1）能熟练应用 BIM5D 软件进行协同项目升级；

（2）能熟练运用 BIM5D 软件进行质安问题的建立及整改验收；

（3）能熟练运用 BIM5D 软件进行安全巡检。

3.素质目标

（1）培养理论结合实践的应用能力；

（2）提升相应的职业技能技术及工程项目管理能力。

4.思政目标

（1）培养注重实践的务实意识；

（2）提升专业爱岗的奉献精神。

【思维导图】

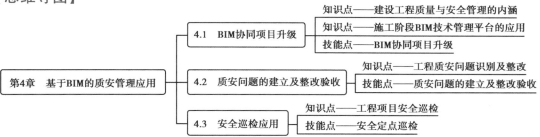

4.1 BIM 协同项目升级

4.1.1 知识点——建设工程质量与安全管理的内涵

1）建设工程质量管理的内涵

质量管理就是关于质量的管理,是在质量方面指挥和控制组织的协调活动,包括建立和确定质量方针和质量目标,并在质量管理体系中通过质量策划、质量保证、质量控制和质量改进等手段来实施全部质量管理职能,从而实现质量目标的所有活动。

工程项目质量管理是指在工程项目实施过程中,指挥和控制项目参与各方关于质量的相互协调的活动,是围绕着使工程项目满足质量要求而开展的策划、组织、计划、实施、检查、监督和审核等所有管理活动的总和。它是工程项目的建设、勘察、设计、施工、监理等单位的共同职责。项目参与各方的项目经理必须调动与项目质量有关的所有人员的积极性,共同做好本职工作,才能完成项目质量管理的任务。

2）建设工程安全管理的内涵

建设工程安全管理的目的是在生产活动中,通过安全生产的管理活动,对影响生产的具体因素进行状态控制,使生产因素中的不安全行为和状态尽可能地减少或消除,且不引发事故,以保证生产活动中人员的健康和安全。对于建设工程项目,安全管理的目的是防止和尽可能地减少生产安全事故、保护产品生产者的健康与安全、保障人民群众的生命和财产免受损失;控制影响或可能影响工作场所内的员工或其他工作人员(包括临时工和承包方员工)、访问者或任何其他人员的健康安全的条件和因素;避免因管理不当对在组织控制下工作的人员健康和安全造成危害。

4.1.2 知识点——施工阶段 BIM 技术管理平台的应用

传统的项目管理信息系统,由于工程管理涉及部门复杂,信息输入多数只能停留在单一部门界面,常常出现滞后现象,无法及时进行整个项目的相互传输,必然形成信息孤岛现象。另外,工程开工后,多专业穿插施工,施工工人人数较多,现场秩序较为紊乱,个别单位配合度不高,因此需要花费很多时间进行多方协调沟通工作,导致施工进度放缓,各方积极性降低,形成一个恶性循环。

BIM 技术为项目提供了全生命周期的 3D 数字化模型,每一个建筑内的构件都可以通过 BIM 技术实现数字化和元素化,这意味着建筑模型不仅是单纯的外观体量,还承载着空间分隔、信息预录、数据关联的效用。通过创建"BIM+智慧云平台"对工程项目进行设计协同、建筑三维可视化和施工模拟、施工过程实时动态管理,可以实现"互联网+建筑信息化"项目管理。通过在云空间存储项目上的模型、图纸、工程照片、设计变更等,同时把施工现场技术人员、施工人员及管理人员等融入该平台中,就可以实时共享存储在云空间的各种数据信息,在一定程度上加快信息与数据的运转,提升各单位之间的合作效率。

4.1.3　技能点——BIM 协同项目升级

BIM5D 产品包括桌面端、移动端、Web 端三部分,通过 BIM 云进行协同。BIM 云基于广联云服务是三端之间进行数据存储和交互的平台,保证三端之间数据传递分享的实时性、准确性与有效性。BIM5D 基于三端一云服务,实现多部门多岗位协同 BIM 应用,为施工企业项目基于 BIM 技术创造更大的效益。

BIM 协同项目升级按如下的过程进行:

①单击软件左上角"升级到协同版"按钮,注册并登录广联云账号,绑定 BIM 云空间,选择激活码绑定,如图 4.1、图 4.2 所示。

图 4.1　升级到协同版

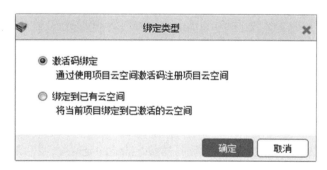

图 4.2　绑定 BIM 云空间

②输入激活码绑定成功后,退回到软件初始界面,登录账号信息,在最近项目列表中会显示升级后的协同项目,单击打开,如图 4.3 所示。

③单击右上角登录信息下拉菜单,选择"访问 BIM 云",进入 BIM 项目列表,打开员工宿舍楼项目,如图 4.4、图 4.5 所示。

图 4.3　升级后的协同项目在最近项目列表中会显示

图 4.4　访问 BIM 云

图 4.5　打开员工宿舍楼项目

4.2　质安问题的建立及整改验收

4.2.1　知识点——工程质安问题识别及整改

1）建设工程现场质量问题识别的方法

（1）目测法

目测法即凭借感官进行检查,也称观感质量检验,可概括为"看、摸、敲、照"4 个手段。

①看。就是根据质量标准要求进行外观检查。例如,清水墙面是否洁净,喷涂的密实度和颜色是否良好、均匀,工人的操作是否正常,内墙抹灰的大面及口角是否平直,混凝土外观是否符合要求等。

②摸。就是通过触摸手感进行检查、鉴别。例如,油漆的光滑度,浆活是否牢固、不掉粉等。

③敲。就是运用敲击工具进行音感检查,如图 4.6 所示。例如,对地面工程、装饰工程中的水磨石、面砖、石材饰面等均应进行敲击检查。

④照。就是通过人工光源或反射光照射,检查难以看到或光线较暗的部位。例如,管道井、电梯井等内部管线、设备安装质量,装饰吊顶内连接及设备安装质量等。

（2）实测法

实测法即通过实测数据与施工规范、质量标准的要求及允许偏差值进行对照,以此判断质量是否符合要求,其手段可概括为"靠、量、吊、套"4 个字。

①靠。用直尺、塞尺检查诸如墙面、地面、路面等的平整度,如图 4.7 所示。

图 4.6 通过敲击检查抹灰工程质量　　图 4.7 利用靠尺检查墙面平整度

②量。指用测量工具和计量仪表等检查断面尺寸、轴线、标高、湿度、温度等的偏差。例如,大理石板拼缝尺寸、摊铺沥青拌和料的温度、混凝土坍落度的检测等。

③吊。利用托线板以及线坠吊线检查垂直度。例如,砌体垂直度检查、门窗的安装等。

④套。以方尺套方,辅以塞尺检查。例如,对阴阳角的方正、踢脚线的垂直度、预制构件的方正、门窗口及构件的对角线检查等。

(3)试验法

试验法指通过必要的试验手段对质量进行判断的检查方法,主要包括如下内容:

①理化试验。工程中常用的理化试验包括物理力学性能方面的检验和化学成分及化学性能的测定等两个方面。物理力学性能的检验,包括各种力学指标的测定,如抗拉强度、抗压强度、抗弯强度、抗折强度、冲击韧性、硬度、承载力等,如图 4.8 所示;以及各种物理性能方面的测定,如密度、含水量、凝结时间、安定性及抗渗、耐磨、耐热性能等。化学成分及化学性质的测定,如钢筋中的磷、硫含量,混凝土中粗骨料中的活性氧化硅成分,以及耐酸、耐碱、抗腐蚀性等。此外,根据规定有时还需进行现场试验,例如,对桩或地基的静载试验、下水管道的通水试验、压力管道的耐压试验、防水层的蓄水或淋水试验等。

图 4.8 钢筋抗拉强度的检测

②无损检测。利用专门的仪器仪表从表面探测结构物、材料、设备的内部组织结构或损伤情况。常用的无损检测方法有超声波探伤、X 射线探伤、γ 射线探伤等。

2）建设工程现场安全隐患的识别

建设工程安全隐患包括 3 部分的不安全因素：人的不安全因素、物的不安全状态和组织管理上的不安全因素。

（1）人的不安全因素

人的不安全因素有：能够使系统发生故障或发生性能不良事件的个人的不安全因素和人的不安全行为。

①个人的不安全因素。个人的不安全因素包括人员的心理、生理、能力中所具有不能适应工作、作业岗位要求的影响安全的因素。

A.心理上的不安全因素有影响安全的性格、气质和情绪（如急躁、懒散、粗心等）。

B.生理上的不安全因素大致有 5 个方面：

a.视觉、听觉等感觉器官不能适应作业岗位要求的因素。

b.体能不能适应作业岗位要求的因素。

c.年龄不能适应作业岗位要求的因素。

d.有不适合作业岗位要求的疾病。

e.疲劳和酒醉或感觉朦胧。

C.能力上的不安全因素包括知识技能、应变能力、资格等不能适应工作和作业岗位要求的影响因素。

②人的不安全行为。人的不安全行为指能造成事故的人为错误，是人为地使系统发生故障或发生性能不良事件，是违背设计和操作规程的错误行为。不安全行为的类型有：

A.操作失误、忽视安全、忽视警告。

B.造成安全装置失效。

C.使用不安全设备。

D.手代替工具操作。

E.物体存放不当。

F.冒险进入危险场所。

G.攀坐不安全位置。

H.在起吊物下作业、停留。

I.在机器运转时进行检查、维修、保养。

J.有分散注意力的行为。

K.未正确使用个人防护用品、用具，如图 4.9 所示。

L.不安全装束。

M.对易燃易爆等危险物品处理错误。

（2）物的不安全状态

物的不安全状态是指能导致事故发生的物质条件，包括机械设备或环境所存在的不安全因素。

①物的不安全状态的内容。

A.物本身存在的缺陷。

B.防护保险方面的缺陷。

C.物的放置方法的缺陷,如图 4.10 所示。

图 4.9　施工现场工人未佩戴安全帽　　　　图 4.10　材料堆放超高

D.作业环境场所的缺陷。

E.外部的和自然界的不安全状态。

F.作业方法导致的物的不安全状态。

G.保护器具信号、标志和个体防护用品的缺陷。

②物的不安全状态的类型。

A.防护等装置缺陷。

B.设备、设施等缺陷。

C.个人防护用品缺陷。

D.生产场地环境的缺陷。

(3)组织管理上的不安全因素

组织管理上的缺陷,也是事故潜在的不安全因素,作为间接的原因有以下方面:

①技术上的缺陷。

②教育上的缺陷。

③生理上的缺陷。

④心理上的缺陷。

⑤管理工作上的缺陷。

⑥学校教育和社会、历史上的原因造成的缺陷。

3)建设工程质量验收不合格的处理

①施工过程的质量验收是以检验批的施工质量为基本验收单元。检验批质量不合格的原因是使用的材料不合格,或施工作业质量不合格,或质量控制资料不完整等,其处理方法有:

在检验批验收时,发现存在严重缺陷的应返工重做,有一般的缺陷可通过返修或更换器具、设备消除缺陷,返工或返修后应重新进行验收。

个别检验批发现某些项目或指标(如试块强度等)不满足要求难以确定是否验收时,应请有资质的检测机构检测鉴定,当鉴定结果能够达到设计要求时,应予以验收。

当检测鉴定达不到设计要求,但经原设计单位核算认可能够满足结构安全和使用功能的检验批,可予以验收。

②严重质量缺陷或超过检验批范围的缺陷,经有资质的检测机构检测鉴定以后,认为不能满足最低限度的安全储备和使用功能,则必须进行加固处理,经返修或加固处理的分项、分部工程,满足安全及使用功能要求时,可按技术处理方案和协商文件的要求予以验收,责任方应承担经济责任。

③通过返修或加固处理后仍不能满足安全或重要使用要求的分部工程及单位工程,严禁验收。

4)安全事故隐患的处理

在建设工程中,安全事故隐患的发现可以来自各参与方,包括建设单位、设计单位、监理单位、施工单位、供货商、工程监管部门等。各方对事故安全隐患处理的义务和责任,以及相关的处理程序在《建设工程安全生产管理条例》中已有明确的界定。这里仅从施工单位角度谈其对事故安全隐患的处理方法。

(1)当场指正,限期纠正,预防隐患发生

对违章指挥和违章作业行为,检查人员应当场指出,并限期纠正,预防事故的发生。

(2)做好记录,及时整改,消除安全隐患

对检查中发现的各类安全事故隐患,应做好记录,分析安全隐患产生的原因,制订消除隐患的纠正措施,报相关方审查批准后进行整改,及时消除隐患。对重大安全事故隐患排除前或者排除过程中无法保证安全的,责令从危险区域内撤出作业人员或者暂时停止施工,待隐患消除再行施工。

(3)分析统计,查找原因,制订预防措施

对于反复发生的安全隐患,应通过分析统计,属于多个部位存在的同类型隐患,即"通病";属于重复出现的隐患,即"顽症",查找产生"通病"和"顽症"的原因,修订和完善安全管理措施,制订预防措施,从源头上消除安全事故隐患的发生。

(4)跟踪验证

检查单位应对受检单位的纠正和预防措施的实施过程和实施效果,进行跟踪验证,并保存验收记录。

4.2.2 技能点——质安问题的建立及整改验收

质量安全管理是项目管理中的重要组成部分,但是施工过程中因存在质量安全问题数据采集难、共享难、协同整改难,以及质量安全例会效率低等现状。工程项目管理中质量安全负责人希望可以便捷采集现场质量安全问题,并实时快速反馈至相关处理责任人,通过BIM 模型与现场质量、安全问题跟踪挂接。在此过程中,问题处理参与方可以及时交换意见、留存记录,并且各方可实时关注问题状态,跟踪问题进展。

项目部利用 BIM5D 应用"移动端+云端+项目看板"的方式,现场通过手机设备采集质量安全问题数据,上传至云端,系统对问题进行记录分析、整理,并与相关责任人数据共享;可在手机端(现场人员)和云看板(领导层)跟踪查看项目任意时间段质量安全问题,了解项目健康状况。接下来以员工宿舍楼案例,演示具体操作。

1) 质安问题的创建

(1) 成员管理

①进入 Web 端界面,单击"系统设置",选择"成员管理"(图 4.11),单击"添加人员"按钮,输入姓名为质安总监,并填写学员注册的手机号或邮箱,如图 4.12、图 4.13 所示。

图 4.11　成员管理界面

图 4.12　填写学员注册的手机号或邮箱

图 4.13　添加人员

②按照上述操作,添加以下信息,如图 4.14 所示。

图 4.14　填写人员信息

（2）单位成员组建

①单击"组织架构"→"单位成员"按钮,选择总承包,单击"新建"按钮,如图 4.15 所示。

图 4.15　单位成员组建界面

②输入名称为"××建设集团一公司",单击"确定"按钮,如图 4.16 所示。

图 4.16　新建单位成员

③单击"添加成员",选择"质安总监""施工员甲"进行添加,如图 4.17、图 4.18 所示。

图 4.17　添加成员

图 4.18　选择所要添加成员

（3）质安问题分类建立

①单击"系统设置"→"质量管理"→"分类"按钮，然后选择"新建"，名称输入"混凝土漏筋"，单击"确定"按钮，如图 4.19 所示。

图 4.19　质量问题分类创建

②单击"系统设置"→"安全管理"→"分类"按钮，然后选择"新建"，名称输入"脚手架立杆间距过大"，单击"确定"按钮，如图 4.20 所示。

（4）质安问题创建

①单击"质量管理"→"创建问题"类别，然后单击右侧"创建"按钮，直接单击"下一步"，如图 4.21、图 4.22 所示。

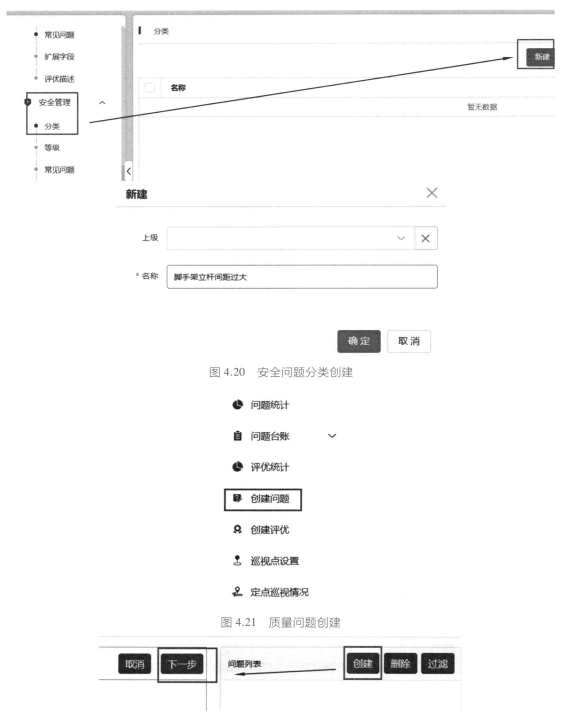

图 4.20　安全问题分类创建

图 4.21　质量问题创建

图 4.22　质量问题创建

②录入"问题描述"为"柱混凝土漏筋",设置发现日期为 2021 年 9 月 20 日 14:06,整改期限要求设置为 2021 年 9 月 25 日,处理状态为"待整改","责任人"设置为"施工员甲","责任单位"设置为"××建设集团一公司",勾选"发整改单",设置为"较大隐患",设置"验收

人"为"质安总监",设置"问题分类"为"混凝土漏筋",通过"单击上传"将给定的"质量问题"图片上传至平台,其他选项按照默认即可,最后单击"确定",如图 4.23、图 4.24 所示。

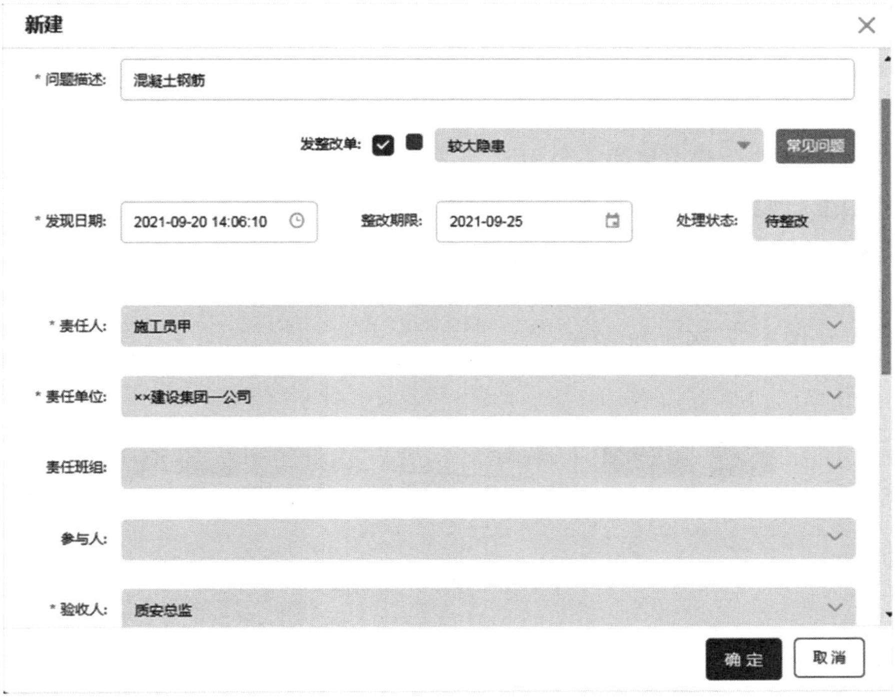

图 4.23　质量问题信息填写

图 4.24　"质量问题"图片上传

③单击"安全管理"→"创建问题"类别,然后单击右侧"创建"按钮,直接单击"下一步",如图 4.25、图 4.26 所示。

④录入"问题描述"为"脚手架立杆间距不合规",设置发现日期为 2021 年 9 月 23 日 14:13,整改期限要求设置为 2021 年 9 月 27 日,处理状态为"待整改","责任人"设置为"施工员甲","责任单位"设置为"××建设集团一公司",勾选"发整改单",设置为"一般隐患",设置"验收人"为"质安总监",设置"问题分类"为"脚手架立杆间距过大",通过"点击上传"将给定的"安全问题"图片上传至平台,其他选项按照默认即可,最后单击"确定"按钮,如图 4.27、图 4.28 所示。

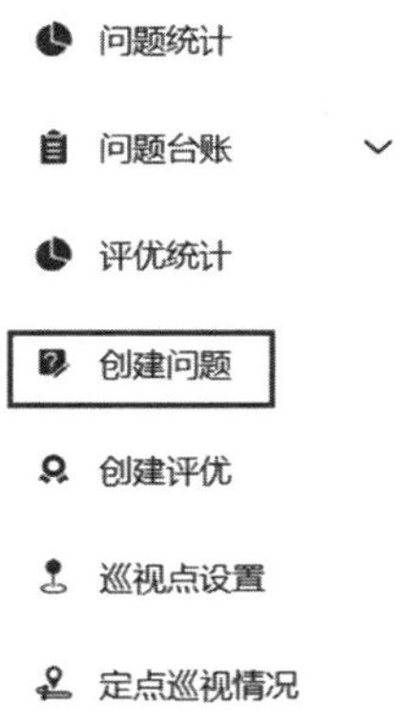

● 问题统计

▤ 问题台账

● 评优统计

▨ 创建问题

Ω 创建评优

▲ 巡视点设置

▲ 定点巡视情况

图 4.25　安全问题创建

图 4.26　安全问题创建

图 4.27　安全问题信息填写

图 4.28　"安全问题"图片上传

2）质安问题整改与验收

（1）质安问题分布趋势图

①单击"质量管理"→"问题统计"类别，然后在"问题分布趋势图"位置处单击导出图片，命名为"质量问题分布趋势图"，如图 4.29、图 4.30 所示。

②单击"安全管理"→"问题统计"类别，然后在"问题分布趋势图"位置处单击导出图片，命名为"安全问题分布趋势图"，如图 4.31、图 4.32 所示。

（2）质安问题台账及整改单导出

①单击"质量管理"→"问题台账"→"问题列表"类别，然后选择"柱混凝土漏筋"问题，单击"导出 Excel"，命名为"质量问题台账"；同时单击"生成整改单"，报表模板按默认质量报表即可，如图 4.33—图 4.35 所示。

②单击"安全管理"→"问题台账"→"问题列表"类别，然后选择"脚手架立杆间距不合规"问题，单击"导出 Excel"，命名为"安全问题台账"；同时单击"生成整改单"，报表模板按默认安全报表即可，如图 4.36—图 4.38 所示。

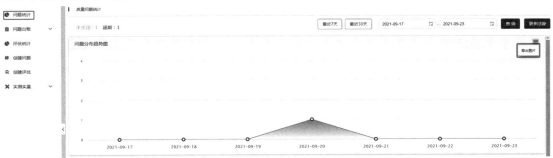

图 4.29　导出质量问题分布趋势图

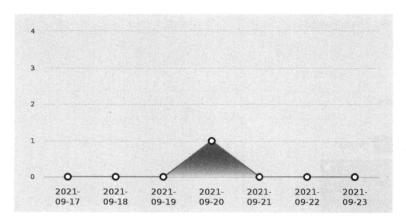

图 4.30　导出后的质量问题分布趋势图

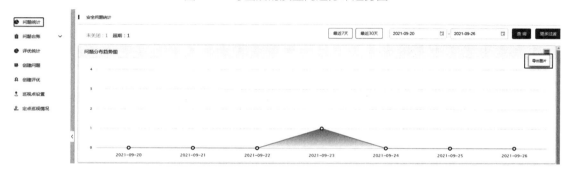

图 4.31　导出安全问题分布趋势图

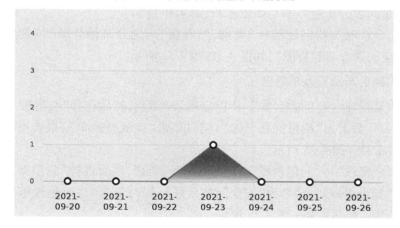

图 4.32　导出后的安全问题分布趋势图

图 4.33　质量问题台账及整改单导出

图 4.34　导出的质量问题台账

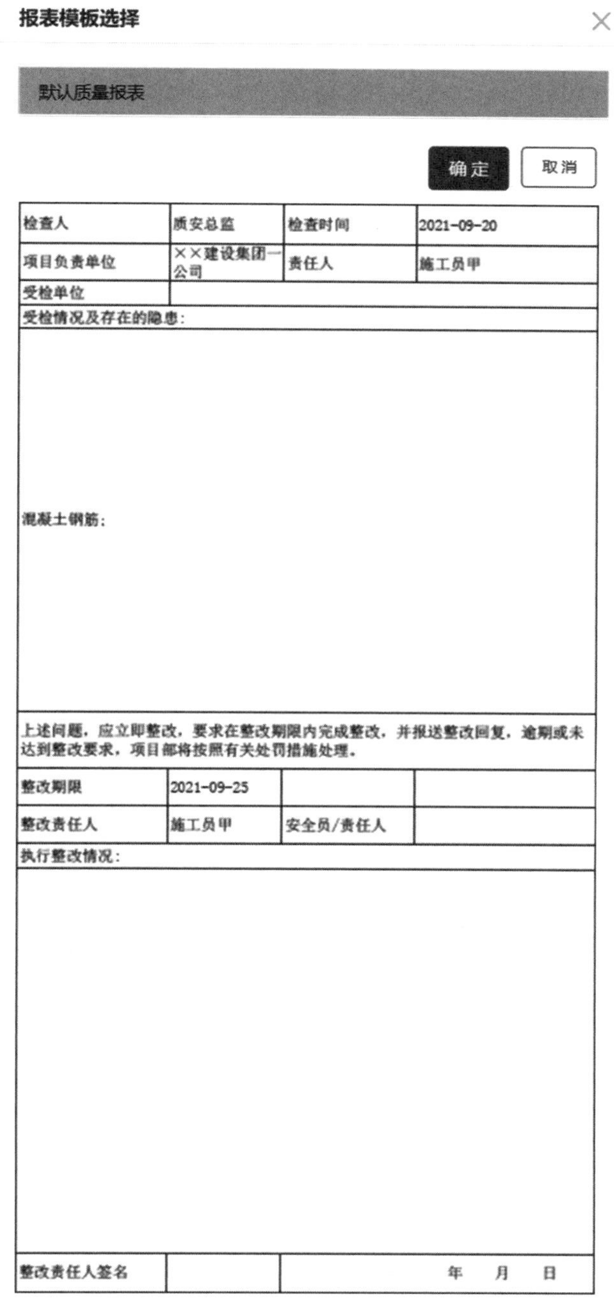

报表模板选择　　　　　　　　　　　　　　　　　✕

默认质量报表

确　定　取　消

检查人	质安总监	检查时间	2021-09-20
项目负责单位	××建设集团一公司	责任人	施工员甲
受检单位			
受检情况及存在的隐患：			
混凝土钢筋：			

上述问题，应立即整改，要求在整改期限内完成整改，并报送整改回复，逾期或未达到整改要求，项目部将按照有关处罚措施处理。

整改期限	2021-09-25		
整改责任人	施工员甲	安全员/责任人	
执行整改情况：			
整改责任人签名			年　　月　　日

图 4.35　导出的质量问题整改单

图 4.36　安全问题台账及整改单导出

图 4.37　导出的安全问题台账

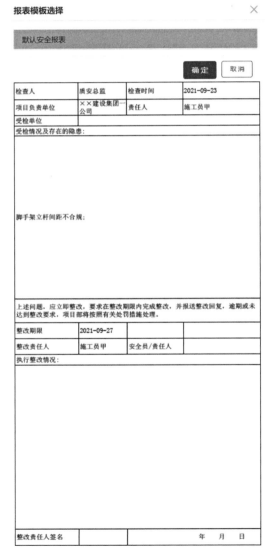

图 4.38　导出的安全问题整改单

4.3　安全巡检应用

4.3.1　知识点——工程项目安全巡检

工程项目安全巡检的内容如下所述：

项目施工安全管理的施工安全检查中要求项目专职安全管理人员每天对施工现场进行安全监督检查，施工作业班组专、兼职安全管理人员负责每日对本班组作业场所进行安全监督检查，应填写安全员工作日志。主要检查生产作业现场是否符合安全生产要求，以及检查工人的劳动条件、卫生设施、安全通道，检查零部件的存放，检查防护设施状况，检查电气设备、压力容器、化学用品的储存，检查粉尘及有毒有害作业部位点的达标情况，检查现场的通风照明设施，检查个人劳动防护用品的使用是否符合规定等，如图 4.39 所示。要特别注意对一些要害部位和设备加强检查，如锅炉房、变电所、各种剧毒、易燃、易爆等场所。

图 4.39　竖向洞口未做临边防护

4.3.2　技能点——安全定点巡检

安全定点巡视是按照一定的巡视计划，针对施工现场重点部位及涉及危险施工的地方进行安全巡检，发现问题并及时进行上报。

项目部利用巡视人员在现场巡视完毕，记录问题，并在手机端中安全定点巡视中录入及提交，同步到 Web 端安全定点巡视情况中。管理层可在 Web 端安全管理模块设置安全巡视点及相应巡视要求和频次。

接下来以员工宿舍楼案例，演示质安经理结合施工重点部位及安全因素考虑，设置项目安全定点巡检，并导出巡检记录做数据分析的具体操作。

1）巡视点设置

①单击"安全管理"→"巡视点设置"类别,然后单击"新建"按钮,如图 4.40 所示。

图 4.40　新建巡视点

②设置"巡视点"为"二层临边防护风险源",设置"巡视频次"为 1 次/天,"巡视人"为"施工员甲","未完成巡视通知人"为"质安总监",勾选"开始巡视"为"是",输入"检查内容"为"是否存在风险源未设置安全防护措施",如图 4.41 所示。

图 4.41　巡视点的内容设置

③选择该巡视点,单击"批量导出二维码""导出 Excel",分别命名为"巡视点二维码""巡视点报表",如图 4.42—图 4.44 所示。

图 4.42　选择巡视点并导出 Excel 和二维码

图 4.43　导出的 Excel 表格

巡视点：二层临边防护风险源

巡视频次：1次/天

巡视人：施工员甲

图 4.44　导出的二维码

2）定点巡视情况

单击"安全管理"→"定点巡视情况"类别,选择上述巡视点,单击"导出 Excel",命名为"定点巡视情况",如图 4.45、图 4.46 所示。

图 4.45　定点巡视情况的导出

图 4.46　导出的定点巡视情况 Excel 表格

【学习测试】

1.简述建设工程安全管理的内涵。

2.简述建设工程现场质量问题识别的方法。

3.简述工程项目安全巡检的内容。

【知识拓展】

拓展 1：工程质量事故按事故造成损失的程度分级

根据住房和城乡建设部《关于做好房屋建筑和市政基础设施工程质量事故报告和调查处理工作的通知》（建质〔2010〕111 号），工程质量事故是指由于建设、勘察、设计、施工、监理等单位违反工程质量有关法律法规和工程建设标准，使工程产生结构安全、重要使用功能等方面的质量缺陷，造成人身伤亡或者重大经济损失的事故。

根据工程质量事故造成的人员伤亡或者直接经济损失，将工程质量事故分为 4 个等级：

①特别重大事故，是指造成 30 人以上死亡，或者 100 人以上重伤，或者 1 亿元以上直接经济损失的事故。

②重大事故，是指造成 10 人以上 30 人以下死亡，或者 50 人以上 100 人以下重伤，或者 5 000 万元以上 1 亿元以下直接经济损失的事故。

③较大事故，是指造成 3 人以上 10 人以下死亡，或者 10 人以上 50 人以下重伤，或者 1 000 万元以上 5 000 万元以下直接经济损失的事故。

④一般事故，是指造成 3 人以下死亡，或者 10 人以下重伤，或者 100 万元以上 1 000 万元以下直接经济损失的事故。

该等级划分所称的"以上"包括本数，所称的"以下"不包括本数。

拓展 2：危险性较大的分部分项工程安全专项施工方案

危险性较大的分部分项工程（以下简称"危大工程"），是指房屋建筑和市政基础设施工程在施工过程中，容易导致人员群死群伤或者造成重大经济损失的分部分项工程。大工程及超过一定规模的危大工程范围由国务院住房和城乡建设主管部门制定。省级住房和城乡建设主管部门可以结合本地区实际情况，补充本地区危大工程范围。国务院住房和城乡建设主管部门负责全国危大工程安全管理的指导监督。县级以上地方人民政府住房和城乡建设主管部门负责本行政区域内危大工程的安全监督管理。

危险性较大的分部分项工程安全专项施工方案（以下简称"专项方案"），是指施工单位在编制施工组织（总）设计的基础上，针对危险性较大的分部分项工程单独编制的安全技术措施文件。

第5章 基于 BIM 的合同管理应用

【教学载体】

广联达员工宿舍楼工程

【教学目标】

1.知识目标

(1)熟悉建设工程合同的类型与内容;

(2)熟悉工程资料与信息管理的方法及意义;

(3)掌握工程项目变更的种类及处理方法。

2.能力目标

(1)能熟练应用 BIM5D 软件进行合约管理和资料管理;

(2)能熟练运用 BIM5D 软件进行项目变更的处理。

3.素质目标

(1)培养理论结合实践的应用能力;

(2)提升相应的职业技能技术及工程项目管理能力。

4.思政目标

(1)培养注重实践的务实意识;

(2)提升专业爱岗的奉献精神。

【思维导图】

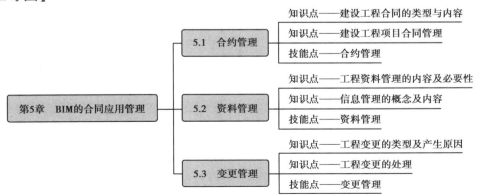

5.1 合约管理

5.1.1 知识点——建设工程合同的类型与内容

建设工程合同是承包人进行工程建设,发包人支付价款的合同,通常包括建设工程勘察、设计、施工合同。在传统民法上,建设工程合同属承揽合同之一,德国、日本和法国民法均将建设工程合同的规定纳入承揽合同中。

建设工程合同可按工作性质、合同主体和建设阶段进行划分。按建设阶段可分为:

1)工程勘察合同

建设工程勘察合同是承包方进行工程勘察,发包人支付价款的合同。建设工程勘察单位称为承包方,建设单位或者有关单位称为发包方(也称为委托方)。

工程勘察合同的内容主要包括提交有关基础文件资料和勘察成果的时限、对勘察工作及其成果的质量要求、勘察成果的提交形式、勘察费用和其他费用、双方权利和义务、违约责任、争议解决以及其他事项等条款。

2)工程设计合同

建设工程设计合同是承包方进行工程设计,委托方支付价款的合同。建设单位或有关单位为委托方,建设工程设计单位为承包方。

工程设计合同的内容主要包括设计依据、合同文件的优先次序、本合同项目的名称、规模、阶段、投资及设计内容、发包人向设计人提交的有关资料、文件及时间设计人向发包人交付的设计文件、份数、地点及时间、支付方式等条款。

3)工程施工合同

建设工程施工合同是工程建设单位与施工单位,也就是发包方与承包方以完成商定的建设工程为目的,明确双方相互权利义务的协议。建设工程施工合同的发包方可以是法人,也可以是依法成立的其他组织或公民,而承包方必须是法人。

建设工程施工合同的内容主要包括工程范围、建设工期、中间交工工程的开工和竣工时间、工程质量、工程造价、技术资料交付时间、材料和设备的供应责任、拨款和结算、竣工验收、质量保修范围和质量保证期、相互协作等条款。

【知识拓展】

(1)按工作性质为标准划分

①建设工程勘察、设计合同。勘察合同,指发包人与勘察人就完成建设工程地理、地质状况的调查研究工作而达成的协议。

②建设工程施工合同。建设工程施工合同即筹建单位与施工单位就完成项目建设的建筑、安装而达成的合同。

（2）按合同主体为标准划分

①国内工程合同。国内工程承包合同是指合同双方都属于同一国的建设工程合同。

②国际工程合同。国际工程承包合同的主体一方或双方是外国人，其标的是特定的工程项目，如道路建设，油田、矿井的开发，水利设施建设等。

5.1.2　知识点——建设工程项目合同管理

合同管理是指对项目合同的签订、履行、变更和解除进行监督检查，对合同履行过程中发生的争议或纠纷进行处理，以确保合同依法订立和全面履行。

工程项目合同管理贯穿合同签订、履行、终结直至归档的全过程。

工程项目合同管理的目的是承发包双方通过自身在工程项目合同的订立和履行过程中所进行的计划、组织、指挥、监督和协调等工作，促使项目内部各部门、各参与方、各环节相互衔接、密切配合，以确保项目最终得以实现。

1）合同管理的内容

合同管理包括合同订立、履行、变更、索赔、解除、终止、争议解决以及控制和综合评价等内容，具体内容包括：

①对合同履行情况进行监督检查。

②经常对项目经理及有关人员进行合同法及有关法律知识教育，提高合同管理人员的素质。

③建立健全工程项目合同管理制度。

④对合同履行情况进行统计分析。

⑤组织和配合有关部门做好有关工程项目合同的鉴证、公证和调解、仲裁及诉讼活动。

2）建筑工程合同管理的工作程序

①合同制订阶段的管理，主要包括从承包商资质预审、编织投标文件、投标、评标、合同谈判到确定承包商的整个过程中涉及合同条件和内容准备的相关管理活动。可能涉及投标人清单的编制和批准、合同条款、投标人须知的编制、开标、评标、合同授予、移交文件等内容和程序。

②合同实施阶段的管理，是指合同签订以后对合同执行情况进行管理，以确保合同当事人的工作是按合同约定的范围、计划、支付条款等程序和规则完成的，同时也包括双方对合同交底、履行及变更合同管理，直至合同关闭。

3）建设工程合同管理流程

①公司合同预算部严格按照招标文件相关条款、参照住房和城乡建设部印制的示范文本起草建筑安装施工合同，参与合同谈判，组织会签；参加对合同履行的评价。

②合同预算部负责合同的商务条款，确认待签合同与审批调整建议的一致性。

③工程部负责审核工程合同的各项技术条款。

④物资采购部负责审核工程合同的各种材料(设备)采购与供应条款。

⑤财务部审核合同付款、发票纳税等相关财务有关条款。

⑥法律顾问负责分析判断合同风险、与法律相关内容的相关条款。

⑦主管领导负责合同整体审核。

⑧总经理审定批准。

5.1.3 技能点——合约管理

1)**技能要点**

根据给定的"广联达员工宿舍楼"资料,完成本工程分包合同的管理。

2)**任务实施**

第一步:在"合约视图"模块中,选择"新建"或"从模板新建"选项,完成合约建立。选择新建方式时,自行录入信息。从模板导入时,可以从设置好的 Excel 导入或从 13 清单规范按照专业名称、分部及分项名称 3 个层级进行建立,如图 5.1 所示。

图 5.1 合约视图

第二步:新建一条土建专业合约,施工范围选择土建专业全楼范围;同时新建一条钢筋专业合约,施工范围选择钢筋专业全楼范围,设置合同预算与成本预算文件。单击汇总计算,汇总计算后,可以看到合约合同金额、合同变更、合同总金额、预算成本金额、实际成本金额。其中合同金额来自合同预算文件,预算成本金额来自成本预算文件,实际成本金额默认等于成本预算,实际成本的单价及工程量可自行修改。合同变更金额根据涉及合同外的收入自行录入,合同总金额等于合同金额加合同变更。金额合计方式可以选择按清单合计和按资源合计两种,如图 5.2 所示。

第三步:建立分包单位。项目经理对分包单位进行招标,通过访问 BIM 云,进入 Web 端。单击"系统设置"→"组织架构"→"单位成员",新建劳务分包单位、物资采购单位、专业分包单位,如图 5.3、图 5.4 所示。

图 5.2　新建专业合约

图 5.3　访问 BIM 云

图 5.4　Web 端建立分包单位

第四步:授权锁定,同步 Web 端数据,打开升级协同项目,选择商务端,进入项目工程。通过单击上方小锁,在进行一系列操作之前,需要进行授权锁定,否则相关功能按钮灰显无法操作。单击数据更新,将 Web 端数据同步至项目工程文件,如图 5.5、图 5.6 所示。

第五步:建立分包合同维护。新增合同,选择合同类型,录入编号、名称,然后选择暂定分包单位,如图 5.7 所示。

图 5.5　打开升级协同项目

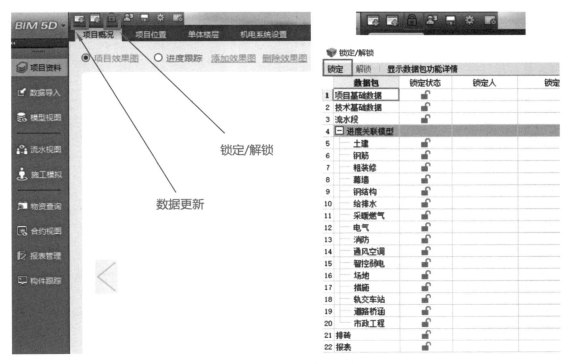

图 5.6　授权锁定和数据更新

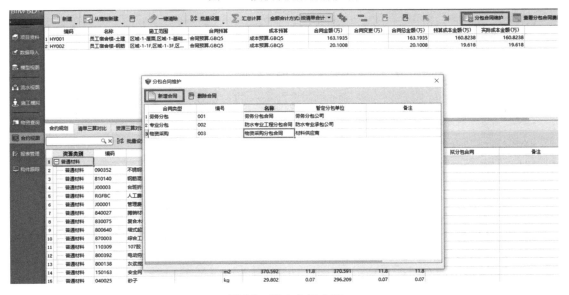

图 5.7　建立分包合同

第六步:设置拟分包合同。将综合工日资源设置为劳务分包,将商品砂浆设置为物资采购分包,将 SBS 改性沥青卷材设置为防水专业分包,如图 5.8 所示。

第七步:商务经理通过市场询价,设置对外分包单价,并查看各项资源性费用。其中中标量和中标单价来源于合同预算,预算量和预算单价来源于成本预算,对外分包单价可自行设定,如图 5.9 所示。

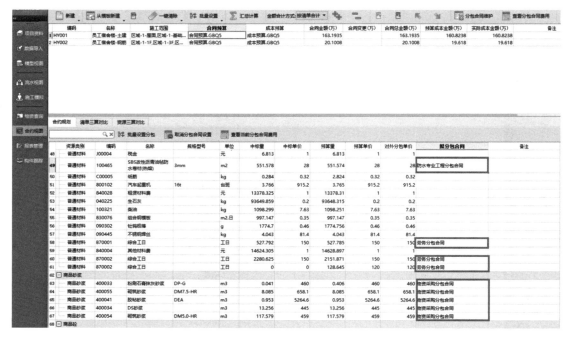

图 5.8　设置拟分包合同

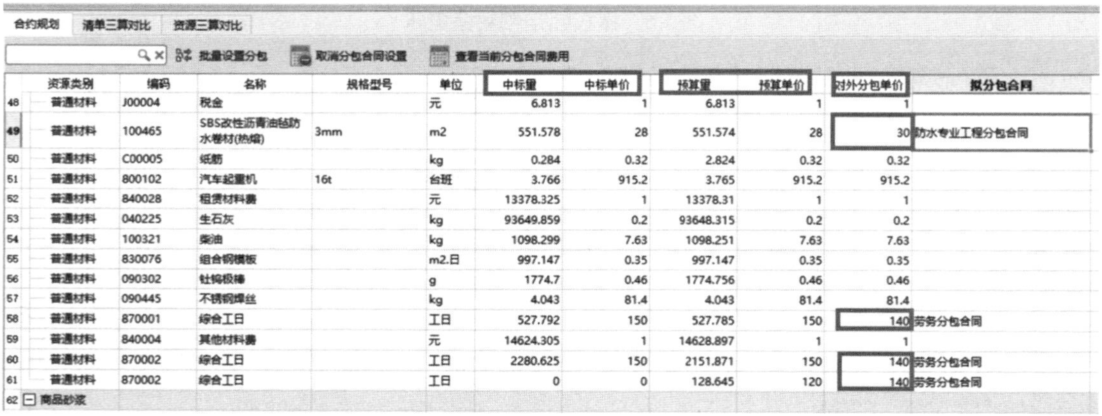

图 5.9　设置对外分包单价

第八步:查看各项分包合同费用。单击查看当前分包合同费用,可以查看分包合同的目标成本、合同收入与合同金额信息。单击查看来源,会显示出产生该费用的清单项。单击导出 Excel,可以将当前分包信息导出,如图 5.10—图 5.12 所示。

【任务总结】

施工单位可以通过 BIM5D 平台对各分包单位进行设置管理,通过软件设置查看项分包合同费用,相较于传统的合同管理更加方便快捷。

图 5.10　查看当前分包合同费用

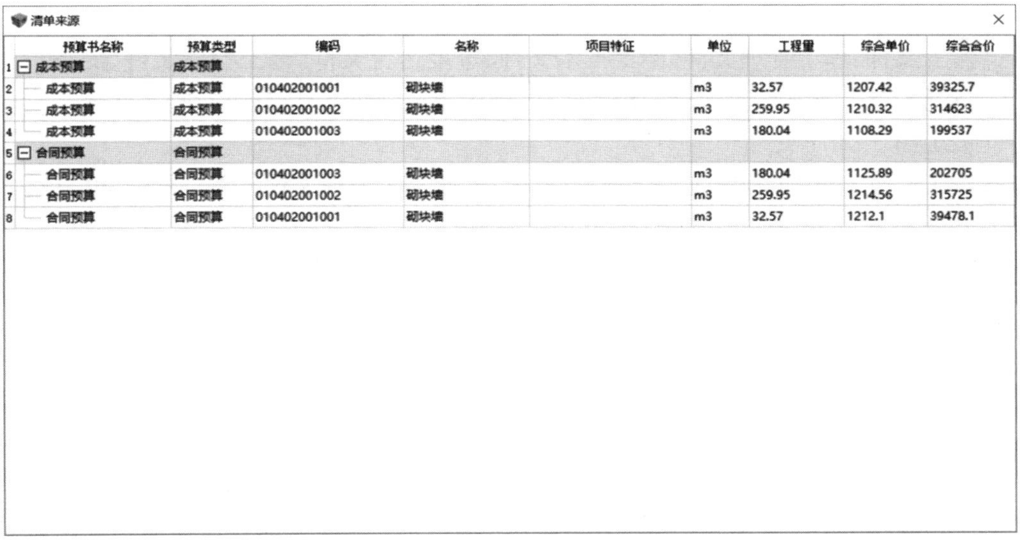

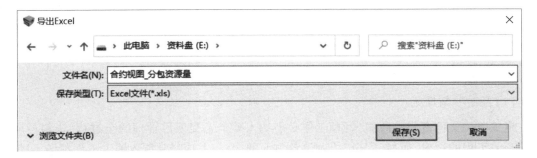

图 5.11　查看费用项清单来源

图 5.12　导出分包信息

5.2 资料管理

5.2.1 知识点——工程资料管理的内容及必要性

工程资料是工程建设活动中直接形成的具有归档保存价值的文字、图表、声像等各种形式的历史记录。工程资料管理包括工程资料的填写、编制、审批、收集、整理、组卷、移交及归档等相关工作。它是工程竣工验收,评定工程质量优劣,结构及安全环保的可靠程度,认定工程质量等级的必要条件,是对工程进行检查、维修、管理、使用、改建、扩建、工程结算、决算、审计的重要技术依据。

1)工程资料管理的分类与主要内容

①工程准备阶段文件:立项文件,建设用地、拆迁文件,勘察、设计文件,招投标及承包合同文件,开工审批文件,工程造价文件,工程建设基本信息等。

②监理文件:监理管理文件、施工监理文件、监理验收文件等。

③施工文件:施工管理文件、施工技术文件、进度造价文件、施工物资文件、测量检测资料、施工记录文件、施工试验记录及检测文件、施工质量验收文件、施工验收文件等。

④竣工图。

⑤竣工验收文件:工程竣工总结,竣工验收记录,相关财务文件,声像、缩微、电子档案。

2)建筑工程资料管理的必要性

①建筑工程资料是城建档案的重要组成部分,是工程竣工验收,评定工程质量优劣、结构及安全卫生可靠程度,认定工程质量等级的必要条件,这就要求其必须真实准确,能够全面客观地反映工程的实际状况。

②建筑工程资料是对工程质量及安全事故的处理,以及对工程进行检查、维修、管理、使用、改建、扩建、工程结算、审计、决算的重要技术依据。

③加强工程资料管理,可以督促参建各方的每个单位和个人按照标准、规范和规程进行工作。工程资料不符合有关规定和要求的,不得进行工程竣工验收。施工过程中工程资料的验收必须与工程质量验收同步进行。否则,难保真实、准确。

④施工过程中工程资料的保存管理应按有关程序和约定执行,工程竣工后,参建各方应对工程资料进行归档保存。为未来的建筑提供参考、积累经验,是指导未来工程建筑的重要信息。

3)收集工程资料的原则

(1)及时参与原则

施工单位文件资料的收集、管理工作必需纳入整个工程项目管理的全过程,资料员应该参加有关工程的技术、质量、安全、协调等各方面的会议,并应经常深入施工工程现场,了解施工动态,及时准确地掌握工程施工管理方面全面信息,便于施工资料的及时收集、整理和核对。

（2）保持同步原则

资料收集工作与工程施工的每一道工序密切相关，必须与工程的施工同步进行，以保证文件资料的准确性和时效性。

（3）认真把关原则

与项目经理、施工技术负责人密切配合，严把文件资料的质量关。无论是对企业内部，还是对相关单位之间往来的文件资料都应认真核查、校对，发现问题，及时纠正。

5.2.2　知识点——信息管理的概念及内容

信息管理指的是信息传输的合理的组织和控制，具体包括对信息的收集、加工、整理、存储、传递与应用等一系列工作的总称。

工程项目的信息管理是通过对各个系统、各项工作和各种数据的管理，使项目的信息能方便和有效地获取、存储、存档、处理和交流。

①建立项目信息编码体系。

②建立项目信息管理制度。

③进行项目信息的收集、分类、存档和整理。

④提供项目管理报表（包括投资控制、进度控制、质量控制、合同管理报表）。

⑤建立会议制度，整理各类会议记录。

⑥督促设计单位、施工单位、供货单位及时整理工程的技术经济档案和资料。

⑦施工期的信息收集。

施工项目管理通常具有涉及面广、工作量大、制约性强、信息流量大等特点，信息的流动复杂而且频繁。传统的项目管理模式在速度、可靠性及经济可行性方面已明显地限制了施工企业在市场经济激烈竞争环境中的生存和可持续发展。因此，近年来很多实力雄厚的建筑施工单位带头使用先进的计算机技术来辅助项目参与人进行某些项目管理工作。

建筑施工项目的信息化管理，不仅是在建筑施工项目内部的管理过程中使用计算机，而且具有更广泛和深刻的内涵。首先，它基于信息技术提供的可能性，对管理过程中需要处理的所有信息进行高效地采集、加工、传递和实时共享，减少部门之间对信息处理的重复工作，共享的信息为项目管理服务、为项目决策提供可靠的依据；其次，它使监督检查等控制及信息反馈变得更为及时有效，使以生产计划和物资计划为典型代表的计划工作能够依据已有工程的计划经验而变得更为先进合理，使建筑施工活动以及项目管理活动流程的组织更加科学化，并正确引导项目管理活动的开展，以提高施工管理的自动化水平。

施工项目信息化管理的应用：

①利用信息技术提供的便利，可减轻项目参与人日常管理工作的负担。例如，它为各项目参与人提供完整、准确的历史信息，方便浏览并支持这些信息在计算机上的粘贴和复制，使部位不同而内容上基本一致的项目管理工作的效率得到极大提高，减少了传统管理模式下大量的重复抄录工作。

②信息化管理可以提供一个机制，使各项目参与人很好地协同工作。例如，它在信息共享的环境下通过自动地完成某些常规的信息通知，减少了项目参与人之间需要人为信息交

流的次数,并保证了信息的传递变得快捷、及时和通畅。同时,它适应建筑施工项目管理对信息量急剧增长的需要,允许将每天的各种项目管理活动信息数据进行实时采集,并提供对各管理环节进行及时便利的督促与检查,实行规范化管理,从而促进了各项目管理工作质量的提高。

③建筑施工项目的全部信息以系统化、结构化的方式存储起来,便于施工后的分析和数据复用。因此,对建筑施工项目实行信息化管理,可以有效地利用有限的资源,用尽可能少的费用、尽可能快的速度来保证优良的工程质量,获取项目最大的社会经济效益。

5.2.3 技能点——资料管理

1)技能要点

根据给定的"广联达员工宿舍楼"资料,完成本工程土方工程施工技术交底的资料管理。

2)任务实施

第一步:在"模型视图"模块中,单击"视图—资料关联",勾选资料关联后,资料关联窗口会在软件下方显示,如图 5.13 所示。

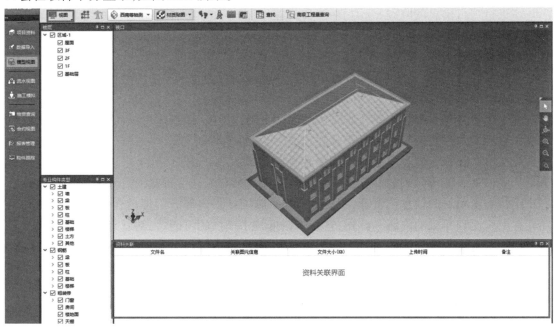

图 5.13 资料关联界面

第二步:建立资料关联。楼层中选择基础层,专业构件类型中选择"土建—土方—大开挖土方",在模型窗口选中大开挖土方构件模型,右键选择资料关联。单击上传,选择土方工程施工技术交底,上传完成后,选择文件,单击确定,完成资料关联,如图 5.14—图 5.16 所示。

第三步:查看资料。资料关联界面中双击文件或右键打开文件,即可查看模型关联的资料文件,如图 5.17 所示。

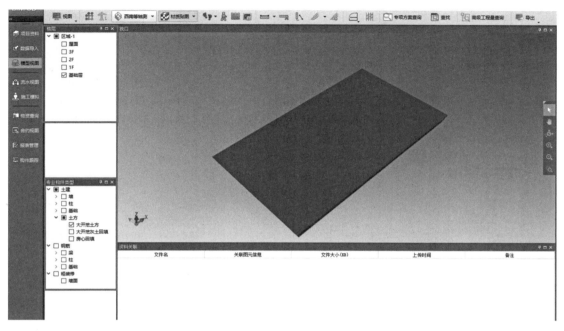

图 5.14 选择构件模型

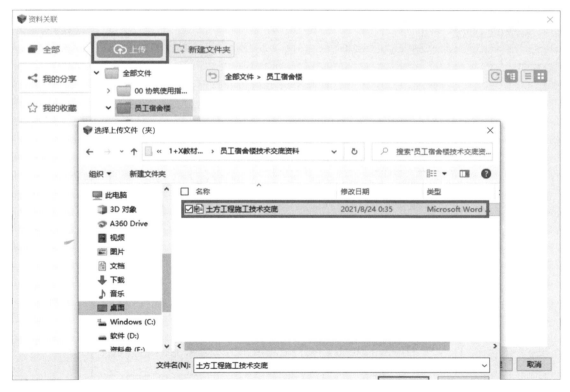

图 5.15 上传资料文件

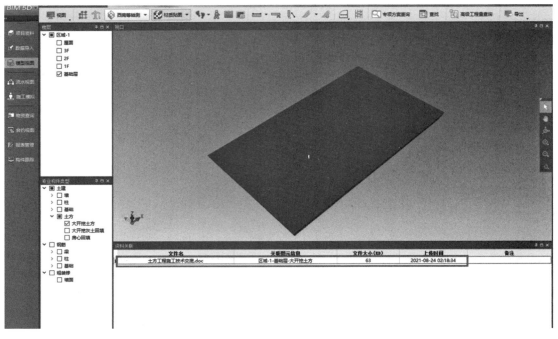

图 5.16 完成资料关联

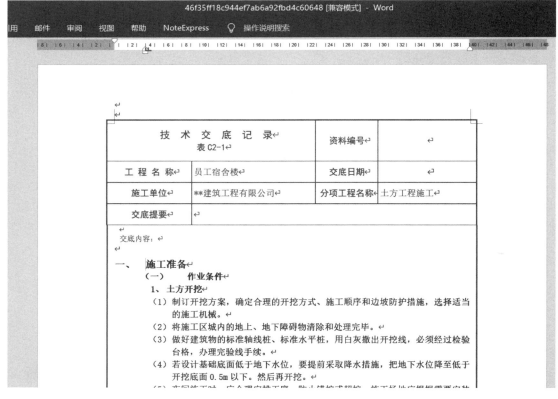

图 5.17 查看资料关联

【任务总结】

　　施工单位可以通过 BIM5D 平台将施工阶段相关资料进行上传管理,便于作业人员查看和后期竣工验收工作的进行。相较于传统的资料管理,利用 BIM5D 软件能更加直观、高效地对各个系统、各项工作和各种数据进行管理,使项目的信息能方便和有效地获取、存储、存档、处理和交流,大大减少了资料管理中繁冗的工作。

5.3　变更管理

5.3.1　知识点——工程变更的类型及产生原因

　　在工程项目实施过程中,按照合同约定的程序,监理人根据工程需要,下达指令对招标文件中的原设计或经监理人批准的施工方案进行的,在材料、工艺、功能、功效、尺寸、技术指标、工程数量及施工方法等任一方面的改变,统称为工程变更。

　　根据提出变更申请和变更要求的不同部门,将工程变更划分为 3 类:筹建处变更、施工单位变更、监理单位变更。

　　第一类:筹建处变更(包含上级部门变更、筹建处变更、设计单位变更)。

　　上级部门变更:指上级行政主管部门提出的政策性变更和因国家政策变化引起的变更。

　　筹建处变更:筹建处根据现场实际情况,为提高质量标准、加快进度、节约造价等因素综合考虑而提出的工程变更。

　　设计单位变更:指设计单位在工程实施中发现工程设计中存在的设计缺陷或需要进行优化设计而提出的工程变更。

　　第二类:监理单位变更。监理工程师根据现场实际情况提出的工程变更和工程项目变更、新增工程变更等。

　　第三类:施工单位变更。指施工单位在施工过程中发现的设计与施工现场的地形、地貌、地质结构等情况不一致而提出来的工程变更。

　　根据其内容的重要性、技术复杂性和增减投资额等因素可分为 I 类变更和 II 类变更。

　　I 类变更:①变更建设规模、主要技术标准、重大方案的。②变更初步设计主要批复意见的。③变更涉及运输能力、运输质量、运输安全的。④变更重点工点的设计原则的。⑤变更设计一次增减投资 300 万元(含)以上的。

　　II 类变更:对施工图的其他变更为 II 类变更。

　　变更产生的原因:

　　①业主原因:工程规模、使用功能、工艺流程、质量标准的变化,以及工期改变等合同内容的调整。

　　②设计原因:设计错漏、设计调整,或因自然因素及其他因素而进行的设计改变等。

　　③施工原因:因施工质量或安全需要变更施工方法、作业顺序和施工工艺等。

④监理原因:监理工程师出于工程协调和对工程目标控制有利的考虑,而提出的施工工艺、施工顺序的变更。

⑤合同原因:原订合同部分条款因客观条件变化,需要结合实际修正和补充。

⑥环境原因:不可预见自然因素和工程外部环境变化导致工程变更。

5.3.2 知识点——工程变更的处理

1)工程变更遵循的原则

①必须明确工程设计文件,经过审批的文件不能任意变更。若需要变更要根据变更分级,按照规定逐级上报,经过审批后才能进行变更。

②工程变更须符合需要、标准及工程规范,在做到切实有序开展、节约工程成本、保证工程质量与进度的同时还要兼顾各方利益确保变更有效。

③工程变更须依次进行,不能细化分解为多次、多项小额的变更计划。

④提出变更申请时,要上交完整变更计划,计划中标明变更原因、原始记录、变更设计图纸、变更工程造价计划书等。

⑤工程变更需要现场监理严格把关,根据测量数据、资料进行审查论证工程变更的必要性,并且需要做好工程变更的核实、计量与评估工作,做到公平、合理,符合规定程序后方可受理。

⑥工程变更批准要求在 7~15 天内进行批复,严格按照此时间规定,避免出现影响工程进度的情况。

⑦工程变更得到批准后,监理根据复批文件下达工程变更的指令,承包人按照变更指令及变更文件要求进行施工,除此以外,还要相应地减少或增加工程变更费用。

2)工程变更程序

工程施工过程中出现的工程变更可分为监理人指示的工程变更和施工承包单位申请的工程变更两类。

(1)监理人指示的工程变更

监理人根据工程施工的实际需要或建设单位要求实施的工程变更,可以进一步划分为直接指示的工程变更和通过与施工承包单位协商后确定的工程变更两种情况。

①监理人或建设单位直接指示的工程变更。监理人直接指示的工程变更属于必须的变更,如按照建设单位的要求提高质量标准、设计错误需要进行的设计修改、协调施工中的交叉干扰等情况。此时不需征求施工承包单位意见,监理人经过建设单位同意后发出变更指示,要求施工承包单位完成工程变更工作。

②与施工承包单位协商后确定的工程变更。此类情况属于可能发生的变更,与施工承包单位协商后再确定是否实施变更,如增加承包范围外的某项新工作等。此时,工程变更程序如下:

监理人首先向施工承包单位发出变更意向书,说明变更的具体内容和建设单位对变更的时间要求等,并附必要的图纸和相关资料。

施工承包单位收到监理人的变更意向书后,如果同意实施变更,则向监理人提出书面变更建议。建议书的内容:提交包括拟实施变更工作的计划、措施、竣工时间等内容的实施方案以及费用要求。若施工承包单位收到监理人的变更意向书后认为难以实施此项变更,也应立即通知监理人,说明原因并附详细依据,如不具备实施变更项目的施工资质、无相应的施工机具等原因或其他理由。

监理人审查施工承包单位的建议书,施工承包单位根据变更意向书要求提交的变更实施方案可行并经建设单位同意后,发出变更指示。如果施工承包单位不同意变更,监理人与施工承包单位和建设单位协商后确定撤销、改变或不改变原变更意向书。

变更建议应阐明要求变更的依据,并附必要的图纸和说明。监理人收到施工承包单位书面建议后,应与建设单位共同研究,确认存在变更的,应在收到施工承包单位书面建议后的 14 天内作出变更指示。经研究后不同意作变更的,应由监理人书面答复施工承包单位。

(2)施工承包单位提出的工程变更

施工承包单位提出的工程变更可能涉及建议变更和要求变更两类。

①施工承包单位建议的变更。施工承包单位对建设单位提供的图纸、技术要求等,提出了可能降低合同价格、缩短工期或提高工程经济效益的合理化建议,均应以书面形式提交监理人。合理化建议书的内容应包括建议工作的详细说明、进度计划和效益以及与其他工作的协调等,并附必要的设计文件。

监理人与建设单位协商是否采纳施工承包单位提出的建议。建议被采纳并构成变更的,监理人向施工承包单位发出工程变更指示。

施工承包单位提出的合理化建议使建设单位获得工程造价降低、工期缩短、工程运行效益提高等实际利益,应按专用合同条款中的约定给予奖励。

②施工承包单位要求的变更。施工承包单位收到监理人按合同约定发出的图纸和文件,经检查认为其中存在属于变更范围的情形,如提高工程质量标准、增加工作内容、改变工程的位置或尺寸等,可向监理人提出书面变更建议。变更建议应阐明要求变更的依据,并附必要的图纸和说明。

监理人收到施工承包单位的书面建议后,应与建设单位共同研究,确认存在变更的,应在收到施工承包单位书面建议后的 14 天内作出变更指示。经研究后不同意作为变更的,应由监理人书面答复施工承包单位。

【知识拓展】

做好工程变更应注意的细节

(1)工程变更不能超出合同规定的工程范围

在工程建设中出现工程变更的情况时,要注意工程变更不能超出合同规定的工程范围,若超出该范围承包商有权不执行变更内容,或可采用先定价格后变更的形式进行工程变更。

(2)变更程序的对策

在承包工程中,经常出现变更落实后再商议价格的现象,如此一来对于承包商而言这种形式极其不利。若遇到这种情况可采取以下应对措施保护自身利益。

①放缓施工进度,等待变更谈判结果,如此便增加了手中"砝码",可与发包方进行公平谈判。

②争取以计时的方式或者承包商实际支出的计算费用进行补偿,避免出现价格战,引发双方的争执、扯皮现象。

③对于工程变更要完整记录实施过程,要有相关照片并上报工程师签字,为索赔做好充足准备。

(3)承包商不能擅自做主进行工程变更

在施工过程中常出现承包方擅自变更工程的现象,导致工程索赔出现问题。因此,若发现图纸错误或须进行变更的工程内容时,要首先上报工程师,经同意后按照规定程序进行工程变更。否则变更后不仅无法得到应有赔偿,而且还会为今后的工程增添麻烦。

(4)承包商在签订变更协议过程中须提出补偿问题

在对工程变更进行商讨和变更协议的过程中,需明确提出索赔问题,保证在执行变更前就对索赔补偿的范围、补偿办法、索赔值的计算方法、补偿款的支付时间等达成一致,并签订合同,以此避免后期工程出现纠纷。

(5)重视设计图纸的质量

设计中存在的缺陷和漏项,会直接影响建设单位工程量清单的合理性和准确性,进而会影响工程量的错误。建设单位在与设计单位签订合同时,应对设计单位资质进行详细的审查,对工程各种指标进行详细的规定,重视设计图纸的质量。设计图纸准确可使概算所得的工程量和费用准确,从而可以在最初的阶段,有效防止一些因设计错误导致的工程变更。

(6)采用专业人员控制和管理施工现场工程变更

通常由施工单位提供变更申请单和现场签证单,并由工程师签字盖章。工程师需要具有法律、合同、谈判、工程技术的知识和一定的施工经验,这项工作也是一项技术性很强的工作,应严格控制签证操作,减少工程变更次数。在施工过程中应严禁通过工程变更扩大建设规模,增加建设成本。

(7)注意建筑材料的采购

材料费占工程总造价50%~70%,所以在确定施工方案前,就要把建筑材料都确定下来,不要轻易更换,否则一旦造成工程变更,会使成本大大增加。充分了解当地建筑材料的供应量、特性,以及当地人的生活状况、生活水平、政策要求,并分析施工单位的施工能力,从而选择美观、实用、价格相对于当地人的生活水平适中的建筑材料。在开工后,尽量不要更换材料,以减少此类工程变更。

5.3.3　技能点——变更管理

1)技能要点

根据给定的"广联达员工宿舍楼"资料,完成一层框架柱的设计变更。

2）任务实施

第一步：在"项目资料"模块，选择"变更登记"，如图 5.18 所示。

图 5.18　变更登记界面

第二步：根据以下变更设计单进行新建分组，如图 5.19、图 5.20 所示。

设计变更单

编号：001

工程名称	员工宿舍楼
部位	一层框架柱
事由（变更依据）： 　　甲方要求将一层框架柱混凝土由 C30 更换为 C35。	

图 5.19　设计变更单

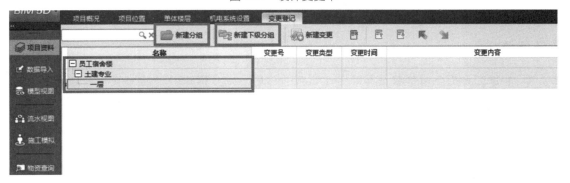

图 5.20　新建变更分组

第三步：选择"一层"分组，单击"新建变更"选项，添加内容如图 5.21 所示。

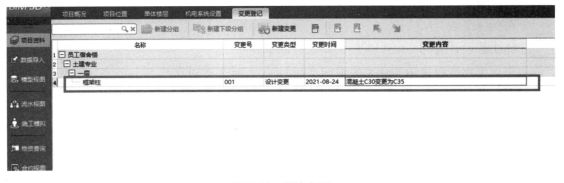

图 5.21　新建变更

第四步:将一层变更的框架柱的图纸导入 BIM5D 平台进行变更资料管理,选择框架柱,单击"新建"选项,找到"员工宿舍楼工程案例资料包",打开"03-图纸文件",选择"员工宿舍楼—结构",单击"打开"即可,如图 5.22 所示。

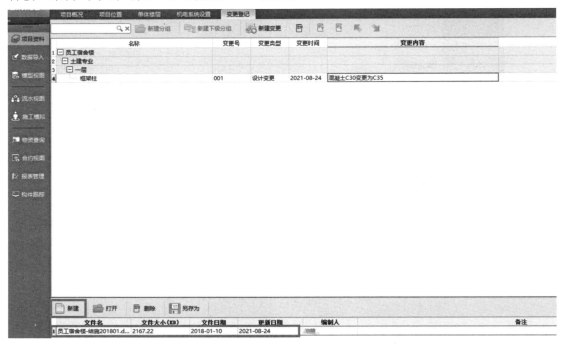

图 5.22　添加变更图纸

【任务总结】

工程变更是合同价款结算时易于出现纠纷的地方。BIM5D 平台中变更管理的功能能够帮助施工单位及时、完整的保存详细、真实的工程变更记录,避免因工程变更资料丢失、缺失、不详等问题带来的损失。

【学习测试】

一、多选题

1.按建设阶段合同可以划分为(　　　　　)。

　　A.国际工程合同　　　　　　B.工程施工合同　　　　　　C.劳务分包合同

　　D.工程设计合同　　　　　　E.工程勘察合同

2.根据提出变更申请和变更要求的不同部门,工程变更划分(　　　　　)3 类。

　　A.筹建处变更　　　　　　B.建设单位变更　　　　　　C.设计单位变更

　　D.监理单位变更　　　　　　E.施工单位变更

二、判断题

1.工程资料是对工程进行检查、维修、管理、使用、改建、扩建、工程结算、决算、审计的重

要技术依据。　　　　　　　　　　　　　　　　　　　　　　　　　　　（　　）

2.对建筑施工项目实行信息化管理,可有效利用有限的资源,用尽可能少的费用、尽可能快的速度来保证优良的工程质量,获取项目最大的社会经济效益。　　　　　（　　）

3.监理工程师不能提出关于施工顺序、施工工艺的变更。　　　　　　　（　　）

4.变更建议应阐明要求变更的依据,并附必要的图纸和说明。　　　　　（　　）

三、简答题

1.常见的建设工程合同有哪些,主要内容是什么?

2.资料管理的内容包括哪些?

3.变更产生的原因有哪些?

【知识拓展】

什么是建筑工程全生命周期信息管理?

在建设工程项目从规划、设计、施工、运营、维护、拆除到再利用的全生命周期中,存在着规模庞大的信息。为推进建筑业数字化转型,使大数据成为推动建筑行业高质量发展的新动能,建筑工程全生命周期信息管理应运而生。

建筑工程全生命周期信息管理(Building Lifecycle Management,BLM),指贯穿于建筑全过程,用数字化的方法来创建、管理和共享所建造资本的信息。其以信息管理为核心,旨在聚合数据、集成信息、赋能监管,从而实现建筑业管理数字化改革。

(1)聚合数据:创建、管理、共享数字化信息

建筑工程全生命周期信息管理包括信息的创建与管理两个方面,即在项目全生命周期中创建、管理、共享建筑工程信息。其以建筑信息模型(BIM)、地理信息系统(GIS)、物联网(IOT)等技术为基础,在聚合数据的基础上实现工程项目建设各环节数字化。

BIM 技术是实现 BLM 理念的关键。BIM 从根本上改变了建筑工程信息的创建过程与创建方式,将数字化信息形式应用于规划设计、生产制造、建造施工、运营维护各阶段,能够以建筑工程项目各项数字化信息为基础创建 3D(实体)+1D(进度)+1D(造价)的五维建筑信息模型。这种数字化信息模式的创建,也从根本上改变了建筑工程信息的共享与管理方式,使数字化建筑物形成完整的、有层次的信息管理系统。再结合 RFID 技术在预制构件中植入"芯片"、运用 GIS 技术匹配地理空间信息,依托 5G、大数据、人工智能、云计算、工业互联网等新一代信息通信技术,建筑工程全生命周期信息管理能够创建、管理及共享同一完整的工程信息,减少工程建设各阶段衔接及各参与方之间的信息丢失,从而减少矛盾和失误的产生,并为建筑企业的施工现场智慧管理、项目全生命周期数据计算分析等作好有力支撑。

(2)集成信息:实现全要素互联、全数据互通

为实现规划、设计、施工、运营过程的全要素互联、全数据互通,建筑工程全生命周期信息管理还需在数据聚合的基础上形成衔接各个环节的综合管理平台,通过相应的信息平台推动全要素全数据互联互通。

（3）赋能监管：让建筑业监管"耳聪目明"

建筑工程全生命周期信息管理一方面能够有效聚合企业勘察设计、工程建设、运营数据，提高企业对项目全生命周期数据的分析与利用水平；另一方面能够辅助监管部门对施工进度、质量安全、设备管理、文明施工、运营维护等在线监管，实现工程建设项目全流程的一体化、透明化、协同化管理。

在建筑工程全生命周期信息管理的基础上，监管部门可以优化工程质量、安全、造价、履约监管的模式与机制，完善线下监管的针对性和靶向性，提高线下监管的科学性和准确性，实现工程管理的数字化、精细化、智慧化。

第6章 真题解析

6.1 真题解析一（2020 年第五期）

本期试题三 BIM 综合应用题是考查 BIM5D 软件的应用，总分为 40 分，试题如下：

根据题干中住宅楼项目及给定资料包进行数据分析：

数据资料包括住宅楼 BIM 结构模型、施工进度计划、工程预算书（备注：模型中柱构件均为剪力墙结构中端柱构件），具体完成以下任务：

3.1 将给定的"施工进度计划"载入 BIM 软件中，与资料包中模型进行关联。（8 分）

3.2 将给定的"工程预算书"以合同预算载入 BIM 软件中，与资料包中模型进行关联。（8 分）

3.3 结合软件功能导出 2020 年 6 月 15 日至 7 月 4 日的清单工程量汇总表，命名为"3.3 阶段性工程量汇总表"。（5 分）

3.4 结合软件功能编制并导出 7 月进度款报表，命名为"3.4 进度款报表"。（5 分）

3.5 实际施工过程中，2020 年 6 月 29 日至 7 月 1 日出现罕见天气，造成停工，6F 墙实际从 7 月 2—7 日进行施工：为保证后续施工任务不延误，7F 墙梁、楼板施工任务实际工期均缩短 1 天完成，结合软件功能填报实际施工进度时间，并保存按周统计的计划与实际资金对比曲线图，命名为"3.5 计划与实际资金对比曲线图"。（12 分）

3.6 将模型以"住宅楼项目管理文件"命名保存。（2 分）

在正式做题之前，可先浏览一遍题目。浏览题目的目的有两个，第一，寻找题目关于命名、保存位置等新建项目的要求，在做题之前要先把项目新建出来；第二，可大概确定一下做题的顺序，一般可先完成升级云项目之前的题目，后做升级为云项目才可完成的题目。

通过浏览题目 3.6 可知，需要新建一个命名为"住宅楼项目管理文件"的项目，下面我们先新建项目。

第一步：打开 BIM5D 3.5 软件，单击"新建项目"，将工程名称修改为"住宅楼项目管理文件"，选择一个保存位置，单击"完成"选项，如图 6.1 所示。

图 6.1 新建项目

第二步:导入模型。单击"数据导入"→"实体模型"→"添加模型",找到模型文件夹,选中"住宅楼 BIM 结构模型.igms",单击"打开"→"导入",即把实体模型导入软件,如图 6.2、图 6.3 所示。

下面来分析一下题目,3.1 考查的是进度计划的导入、进度计划与模型的挂接;3.2 考查的是资料关联,这需要把项目升级为协同项目才可以完成,所以把 3.2 放在后面完成;3.3 考查的是预算文件的导入、预算文件匹配;3.4 考查费用管理中的进度报量;3.5 考查进度计划的修改和资金曲线的导出,进度计划的修改需要计算机提前安装 Project 软件。

通过分析题目确定了做题顺序,下面来讲解每个题目的具体操作。

3.1 将给定的"施工进度计划"载入模型中,与资料包中的模型进行关联。

图 6.2 导入实体模型 1

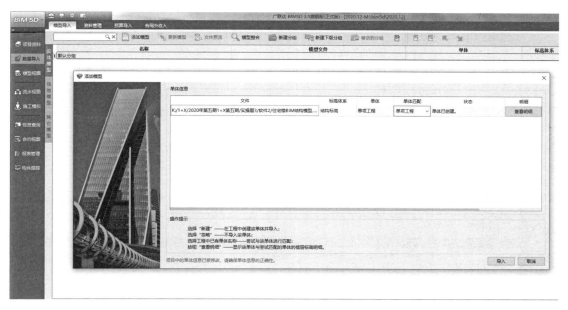

图 6.3 导入实体模型 2

第一步:导入进度计划。"施工模拟"→"导入进度计划",找到资料文件夹中的"施工进度计划.mpp",依次单击"打开"→"确定",如图 6.4 所示(注意,导入.mpp 格式进度计划需要电脑安装 Project 软件。若没有 Project 软件但有斑马进度计划编制软件,可利用斑马进度计划编制软件将.zept 格式转换为.mpp 格式再导入)。

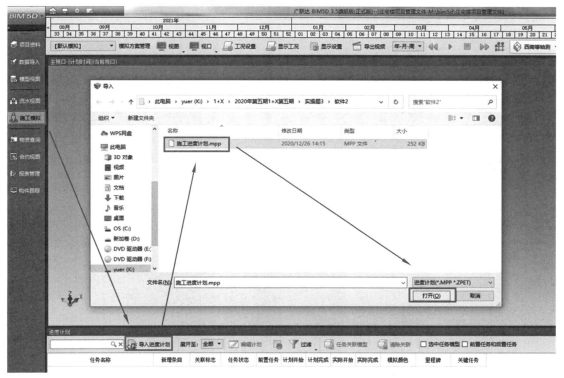

图 6.4 导入进度计划

导入进度计划成功界面如图 6.5 所示。

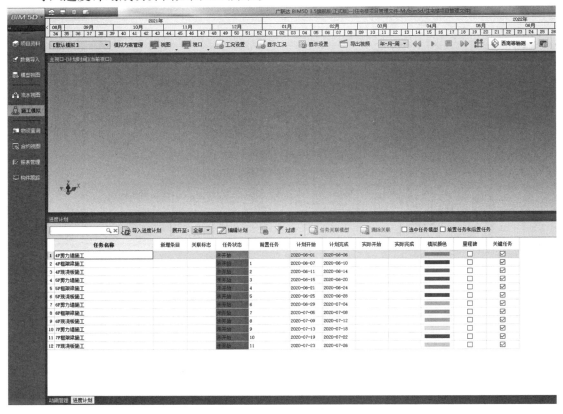

图 6.5　进度计划导入成功界面

第二步:进度计划关联。根据任务描述,依次关联每一项任务,如图 6.6 所示。关联完毕如图 6.7 所示。

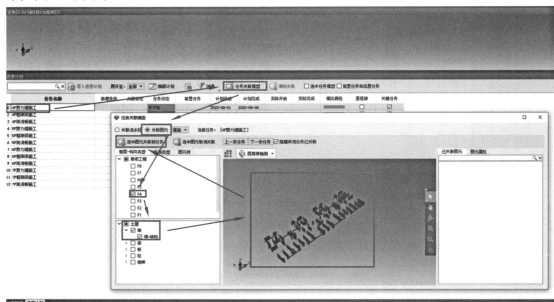

图 6.6　任务关联模型操作步骤示意图

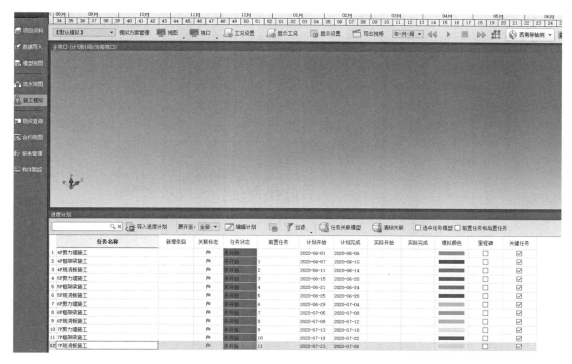

图 6.7　进度关联完毕界面

3.2 将给定的"工程预算书"以合同预算载入 BIM 软件中,与资料包中模型进行关联。

第一步:导入工程预算书。切换到"数据导入"模块,单击"预算导入"→"合同预算"→"添加预算书",选择预算书文件类型,这里选择"GBQ 预算文件",单击"确定",如图 6.8 所示。找到工程预算书文件位置,选中,单击"导入",如图 6.9 所示,提示添加预算书成功即可。

第二步:预算书与模型关联。选中"工程预算书"文件,单击"清单匹配",在弹出的"清单匹配"窗口中的"编码"一栏双击,在弹出的"选中预算书"窗口中选中预算文件,单击"确定"按钮,如图 6.10 所示,在弹出的对话框中点选需要匹配的内容,单击"确定"选项,如图 6.11所示,即可完成符合匹配内容的预算文件清单项与模型清单项的匹配。提示"当前匹配 12 条清单,未成功匹配 0 条清单",如图 6.12 所示。

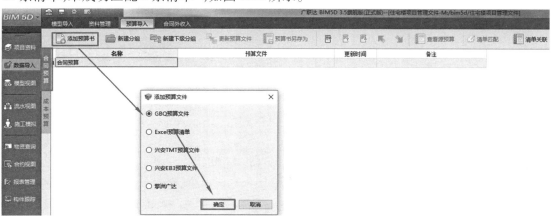

图 6.8　导入预算书

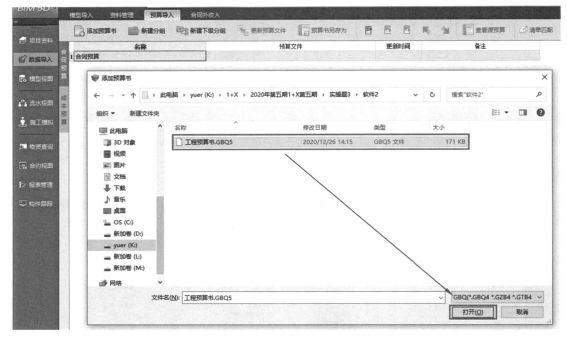

图 6.9　导入预算书

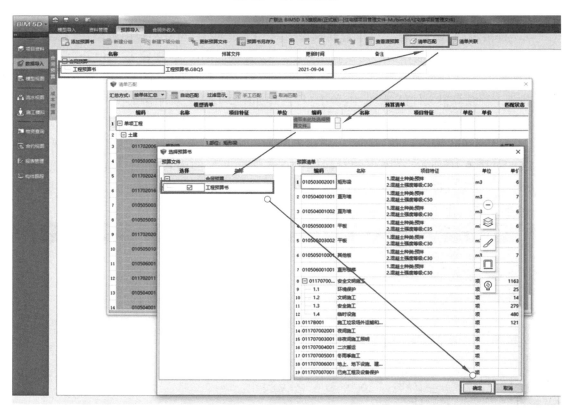

图 6.10　清单匹配

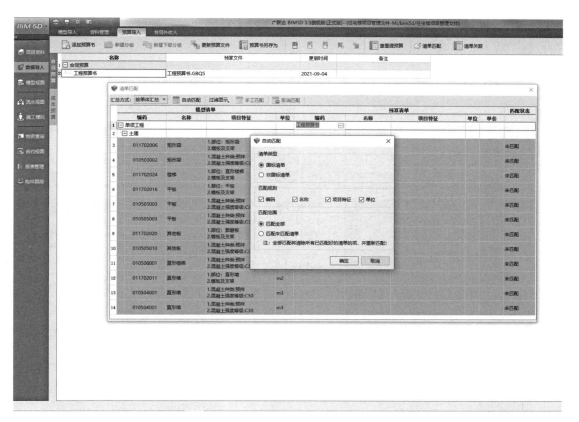

图 6.11　选择匹配规则

图 6.12　匹配结果提示

3.3 结合软件功能导出 2020 年 6 月 15 日至 7 月 4 日的清单工程量汇总表,命名为"3.3 阶段性工程量汇总表"。

方法一:

第一步:切换至"施工模拟"模块,在"视图"下拉列表中选择"清单工程量",如图 6.13 所示。

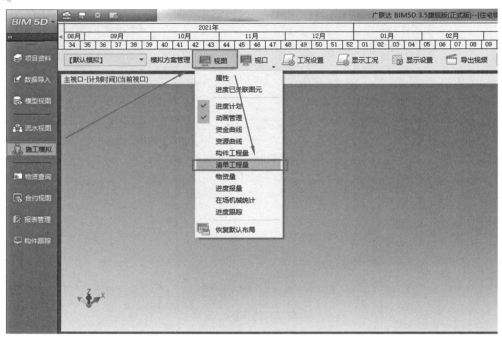

图 6.13　选择清单工程量查询

第二步:在时间轴上选中题目要求的时间段 2020 年 6 月 15 日至 7 月 4 日,下方"工程量清单"窗口会自动统计该时间段的清单工程量。在该窗口中单击"导出工程量",按照题目要求命名保存即可,如图 6.14 所示。

方法二:

第一步:切换至"模型视图"模块,单击"高级工程量查询",在"高级工程量查询"窗口的"查询条件"下勾选"时间范围"在右侧填写"过滤开始时间"为"2020 年 6 月 15 日";"过滤结束时间"为"2020 年 7 月 4 日",最后单击查询图元,如图 6.15 所示。

第二步:在查询出的图元界面,点击"汇总工程量",如图 6.16 所示。

第三步:在汇总工程量界面选择"清单工程量","导出工程量",按题目要求命名保存即可,如图 6.17 所示。

3.4 结合软件功能编制并导出 7 月进度款报表,命名为"3.4 进度款报表"。

考点分析:考查学生对工程价款结算的掌握。

第一步:切换至"施工模拟"模块,在"视图"下拉列表中选择"进度报量",如图 6.18 所示。

第二步:在弹出的"进度报量"窗口中选择"按月统计""7 月",截止日期修改为当月的

"31 日",单击"确定"按钮,如图 6.19 所示。确定统计月份,如图 6.20 所示,选择"导出 Excel",选择保存位置并按要求命名,如图 6.21 所示。

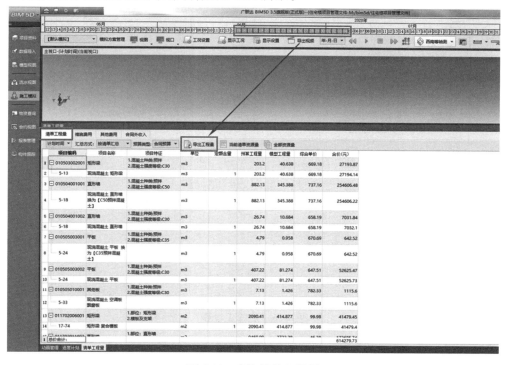

图 6.14　查询清单工程量

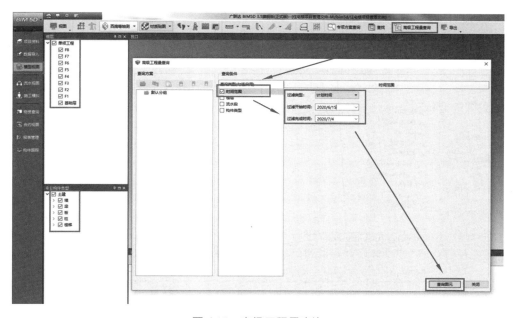

图 6.15　高级工程量查询

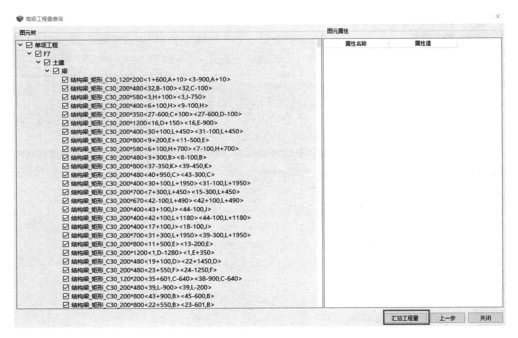

图 6.16　汇总工程量

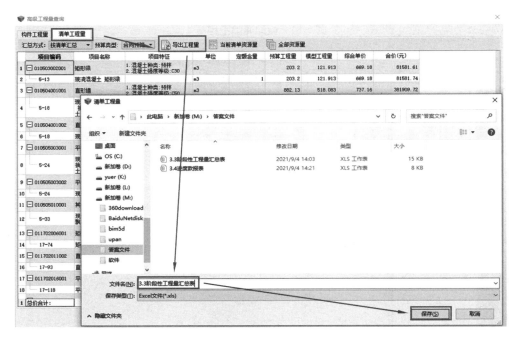

图 6.17　导出清单工程量

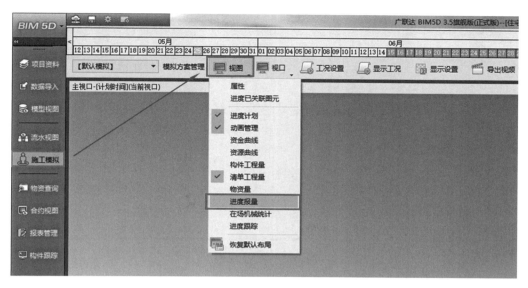

图 6.18 选择进度报量

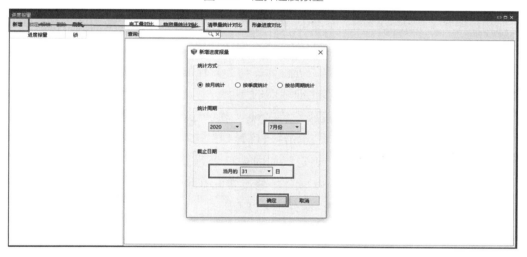

图 6.19 设置进度报量时间

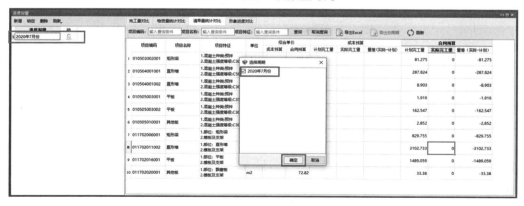

图 6.20 确定统计时间

图 6.21　导出统计表

3.5 实际施工过程中,2020 年 6 月 29 日至 7 月 1 日出现罕见天气,造成停工,6F 混凝土墙实际从 7 月 2—7 日进行施工;为保证后续施工任务不延误,7F 混凝土墙、梁、楼板施工任务工期均缩短 1 天完成,结合软件功能填报实际施工进度时间,并保存按周统计的计划与实际资金对比曲线图,命名为"3.5 计划与实际资金对比曲线图"。

考点分析:本题考查学生运用模型进行施工动态管理的能力,具体考查考生对进度计划调整的操作、计划资金与实际资金对比曲线图的导出。

具体操作如下(该操作需要计算机安装 Project 软件或斑马进度计划编制软件):

第一步:切换至"施工模拟"模块,单击"进度计划"窗口,单击"编辑计划"。在弹出的对话框中选择"编辑进度计划",单击"确定",如图 6.22 所示。

第二步:根据题目描述,在 Project 软件中修改实际开始时间和实际完成时间,如图 6.23 所示。修改完成后在 Project 中单击"保存"→"关闭"。

第三步:导出资金对比曲线。在"施工模拟"模块下,单击"视图"下拉列表中的"资金曲线",在时间轴上单击鼠标右键→"按进度选择",选中统计资金曲线的时间。在资金曲线视图中选择按"周"统计,单击"费用预计算"即可显示资金曲线,如图 6.24 所示。

最后单击"导出图表",保存资金曲线图即可,如图 6.25 所示。

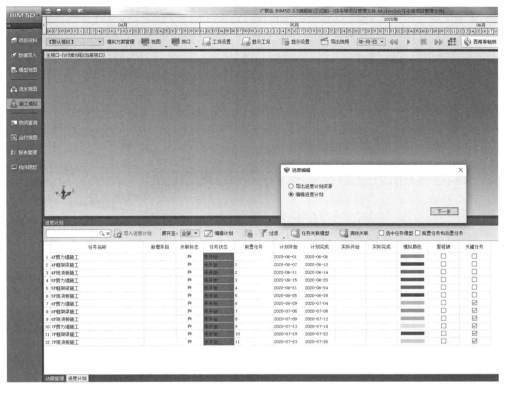

图 6.22　编辑计划

图 6.23　修改实际开始时间和实际完成时间

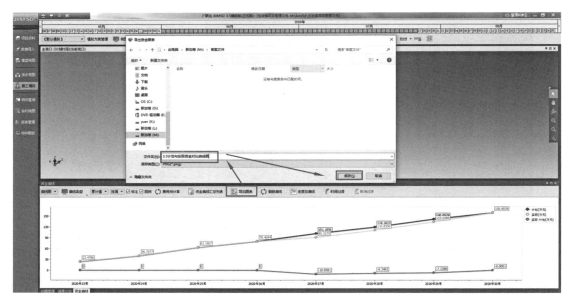

图 6.24　统计资金曲线

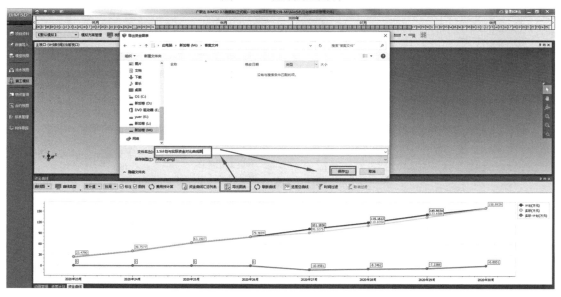

图 6.25　导出资金曲线

6.2　真题解析二(2021 年第三期)

本期试题三 BIM 综合应用题是考查 BIM5D 软件的应用,总分为 40 分,试题如下:

根据给定的实训楼项目文件资料(包括实训楼土建 BIM 模型、设计变更通知单、问题报

告模板、进度计划表)完成以下任务:

3.1 应用 BIM 软件打开"实训楼土建 BIM 模型",将设计变更通知单与模型相关联,截图保存并命名为"3.1 设计变更通知单"。(2 分)

3.2 对整体模型进行检查,把-0.8 m 标高处 1/C 承台基础 CT2 作问题发现点,参考"问题报告模板"格式填写问题报告相关内容,问题记录人为考生本人,保存并命名为"3.2 结构问题报告"。(6 分)

3.3 将给定的"进度计划表"载入 BIM 软件,与"实训楼土建模型"相关联,统计实训楼标高 10.8 m 处的梁、板混凝土工程量,按构件类型汇总导出报表并命名为"3.3 10.8 m 标高梁、板混凝土工程量汇总表"。(16 分)

3.4 应用 BIM 软件,按给定的"进度计划表"进行动画模拟,结合软件功能,按最小分辨率导出施工动画,保存并命名为"3.4 施工模拟动画"。(10 分)

3.5 选择一层 KZ15 生成属性二维码,截取二维码图片保存为"3.5.1KZ15 属性二维码",选择适当角度以整个实训楼为对象建立视点保存并导出,命名为"3.5.2 实训楼施工交底资料"。(6 分)

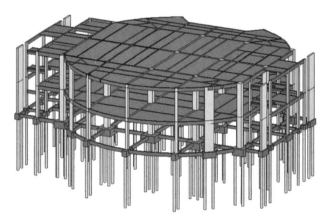

考题分析:3.1 考查施工过程管理中的模型与资料的关联,该题目需升级为云项目以后完成;3.2 考查模型检查与资料关联;3.3 考查进度计划的关联与工程量的查询;3.4 考查施工模拟动画的查看与导出;3.5 考查构建信息二维码的创建。

下面详细介绍每个题目的解题步骤。

首先创建项目。

第一步:打开 BIM5D 3.5 软件,单击"新建项目",将工程名称修改为"实训楼项目文件",选择一个保存位置,单击完成,如图 6.26 所示。

第二步:导入模型。单击"数据导入"→"实体模型"→"添加模型",找到模型文件夹,选中"实训楼土建 BIM 模型.igms",单击"打开"→"导入",即把实体模型导入软件,如图 6.27 所示。

3.1 应用 BIM 软件打开"实训楼土建 BIM 模型",将设计变更通知单与模型相关联,截图保存并命名为"3.1 设计变更通知单"。

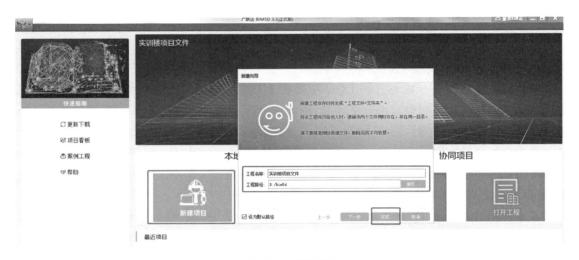

图 6.26　新建项目

图 6.27　导入实体模型

第一步:查看变更通知单,需要把"层高 4.8 m 处的楼板混凝土强度等级由 C30 调整为 C25"。通过 BIM 软件查询得知,层高 4.8 m 处的楼板为首层楼板,如图 6.28 所示。

第二步:单击"登录 BIM 云",输入账号、密码,登录云空间,如图 6.29 所示。

第三步:单击左上角的"🏠",输入激活码,将项目升级为协同版,如图 6.30 所示。升级成功 BIM5D 软件会自动跳转到刚打开的页面,在最近项目栏会出现带着云朵标志的"项目 9",单击该项目,选择登录"技术端",如图 6.31 所示。

第四步:将设计变更通知单上传。在"数据导入"模块,依次单击"资料管理"→"上传",在弹出的对话框中选择变更通知单,单击"打开",如图 6.32 所示。

第五步:在关联变更通知单之前,需要先把项目权限锁定。单击左上角的"🔒",选中"项目基础数据",单击"锁定",在弹出的对话框中输入锁定项目权限的理由,单击"确定",

如图 6.33 所示。锁定后,锁定状态变为 🔒 。

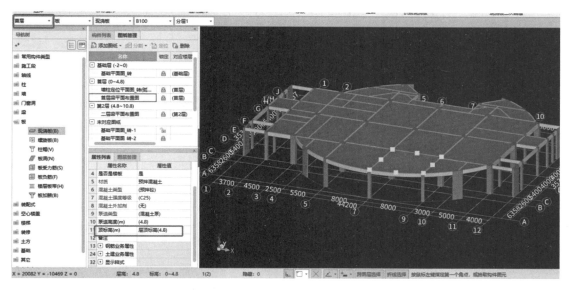

图 6.28　层高 4.8 m 处楼板

图 6.29　登录 BIM 云

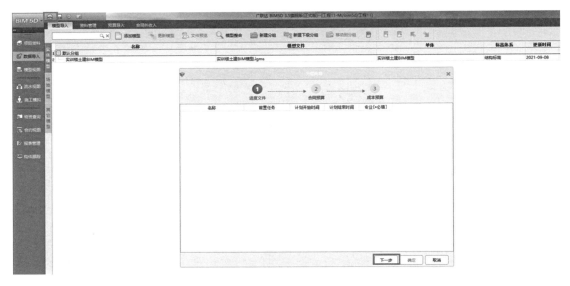

图 6.30　将项目升级到协同端

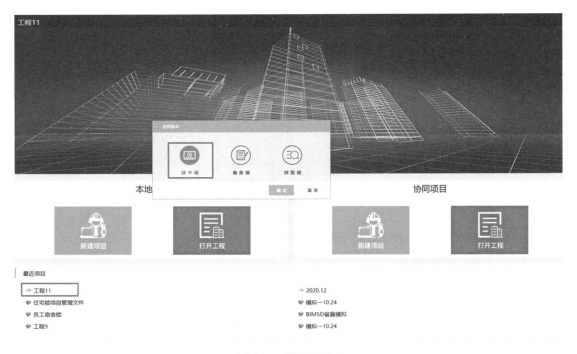

图 6.31　模型关联 1

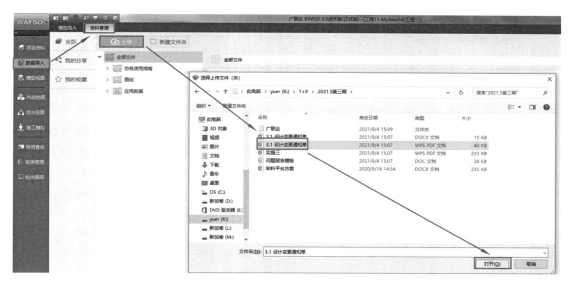

图 6.32 模型关联 2

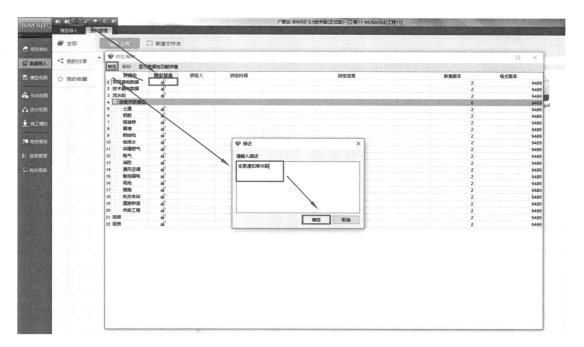

图 6.33 锁定项目权限

第六步:切换至"模型视图"模块,首先让模型显示首层楼板,楼层选择"1F",构建选择"板",右侧视图即可只显示首层楼板,如图 6.34 所示。选中首层楼板,单击鼠标右键,选择"资料关联",如图 6.34 所示。在弹出的对话框中选中刚刚上传的"3.1 设计变更通知单",单击"确定"按钮,即可完成关联,如图 6.35 所示。

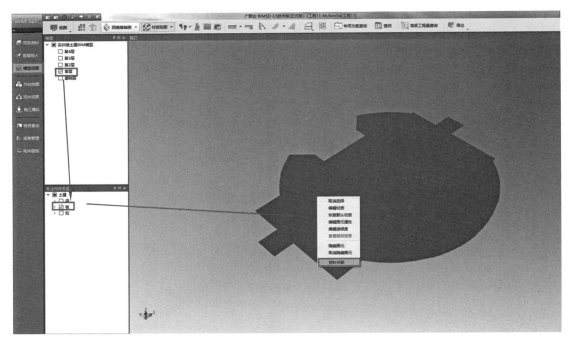

图 6.34　显示首层楼板

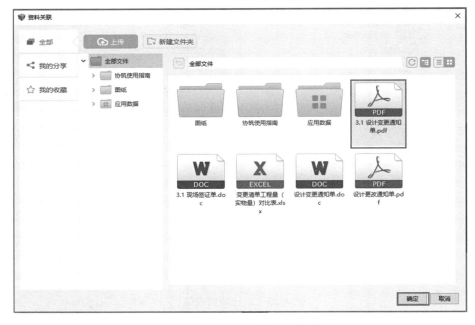

图 6.35　关联设计变通通知单

3.2 对整体模型进行检查,把-0.8 m 标高处 1/C 承台基础 CT2 作为问题发现点,参考"问题报告模板"格式填写问题报告相关内容,问题记录人为考生本人,保存并命名为"3.2 结构问题报告"。

该题解题思路与 3.1 相同,首先将问题报告文件上传到资料管理中,再在模型视图下将资料与模型关联。

第一步:填写问题报告,如图 6.36 所示。

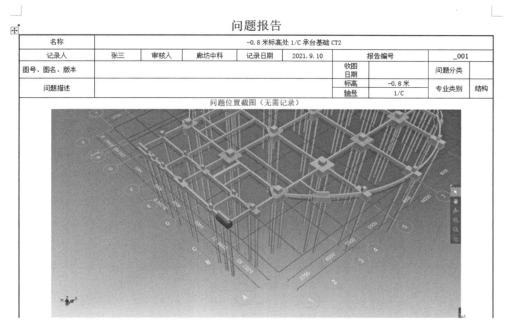

图 6.36 问题报告

第二步:将问题报告上传。在"数据导入"模块,依次单击"资料管理"→"上传",在弹出的对话框中选择 3.2 结构问题报告,单击"打开",如图 6.37 所示。

图 6.37 模型关联

第三步:在"模型视图"模块选中题目中描述的承台基础 CT2,单击鼠标"右键"→"资料关联",如图 6.38 所示。在弹出的对话框中选择刚刚上传的"3.2 结构问题报告",单击"确定"按钮,即可完成关联,如图 6.39 所示。

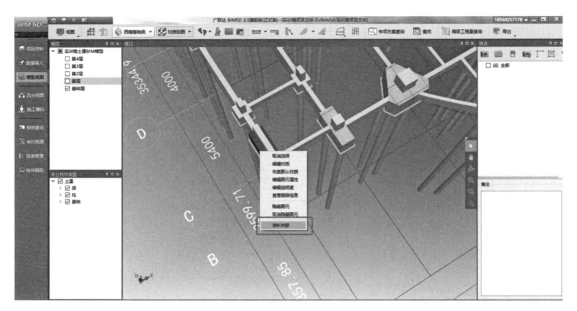

图 6.38　模型关联

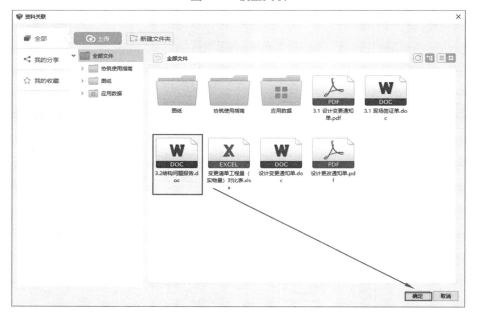

图 6.39　模型关联

3.3 将给定的"进度计划表"载入 BIM 软件,与"实训楼土建 BIM 模型"相关联,统计实训楼标高 10.8 m 处的梁、板混凝土工程量,按构件类型汇总导出报表并命名为"3.3 10.8 m 标高梁、板混凝土工程量汇总表"。

第一步:导入进度计划。"施工模拟"→"导入进度计划",找到资料文件夹中的"施工进度计划.mpp",依次单击"打开"→"确定",如图 6.40、图 6.41 所示。

第二步:进度计划关联。根据任务描述,依次关联每一项任务,如图 6.42 所示。关联完毕如图 6.43 所示。

第三步：为了确定 10.8 m 处的梁、板所处的位置，可借助"GTJ 软件"查询，查得 10.8 m 处的梁、板所属楼层为 2 层，如图 6.44 所示。该步骤可以忽略。

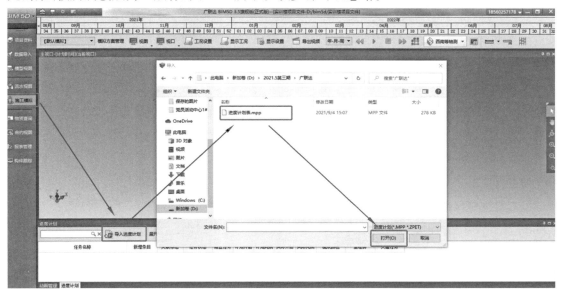

图 6.40　导入进度计划

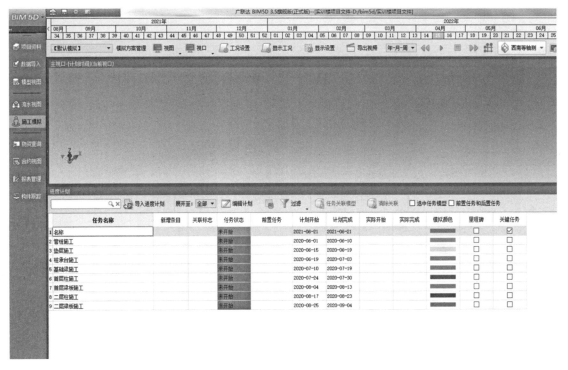

图 6.41　进度计划导入成功界面

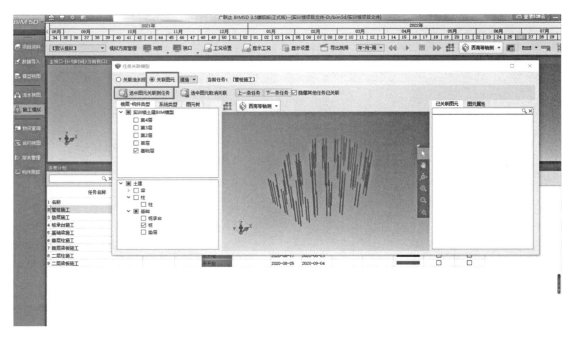

图 6.42　任务关联模型

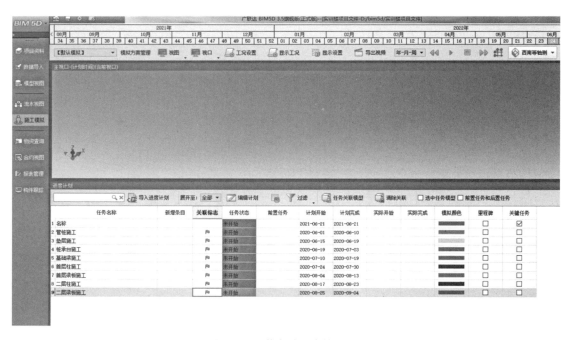

图 6.43　进度关联完毕界面

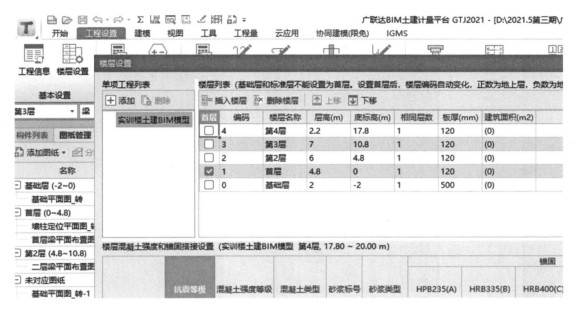

图 6.44　利用 GTJ 软件确定 10.8 m 处的梁、板位置

第四步:统计混凝土工程量。在"BIM5D 软件"中,单击"模型视图"→"视图"→"构件工程量",如图 6.45 所示。楼层选择为第 2 层,专业构件类型选择梁、板,选中视口中的所有构件,下方窗口会自动显示工程量,汇总方式选择按构件类型汇总,如图 6.46 所示。在该窗口中单击"导出工程量",按照题目要求命名保存即可,如图 6.47 所示。

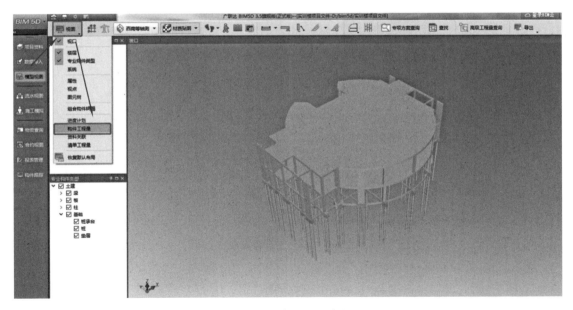

图 6.45　导出工程量步骤 1

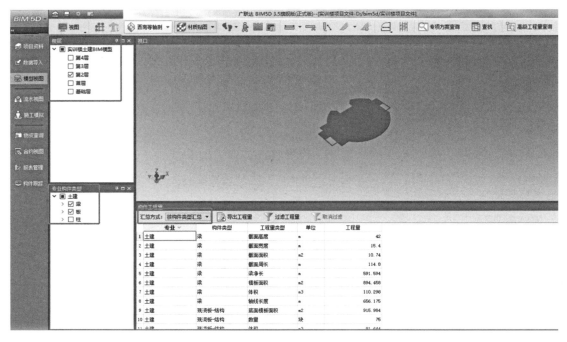

图 6.46　导出工程量步骤 2

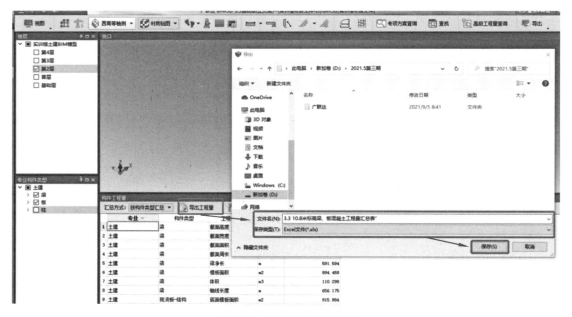

图 6.47　导出工程量步骤 3

3.4 应用 BIM 软件,按给定的"进度计划表"进行动画模拟,结合软件功能,按最小分辨率导出施工动画,保存并命名为"3.4 施工模拟动画"。

切换至"施工模拟"模块,选择时间轴,根据进度计划表选择时间范围,单击鼠标"右键"→"视口属性",选择显示范围,单击"确定"按钮。如图 6.48、图 6.49 所示。选择"导出视频",选择最小分辨率导出,按照题目要求命名保存即可,如图 6.50、图 6.51 所示。

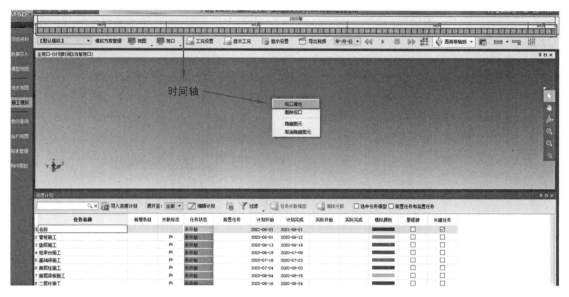

图 6.48　时间轴

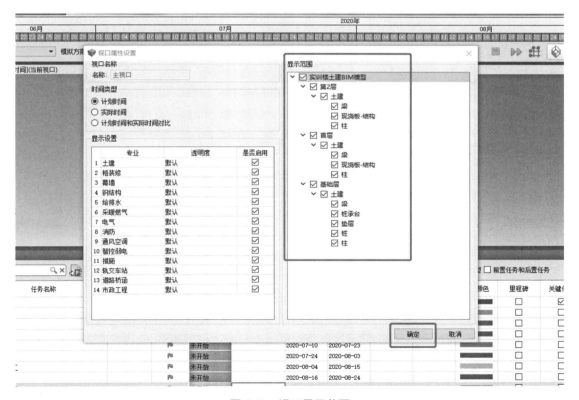

图 6.49　视口显示范围

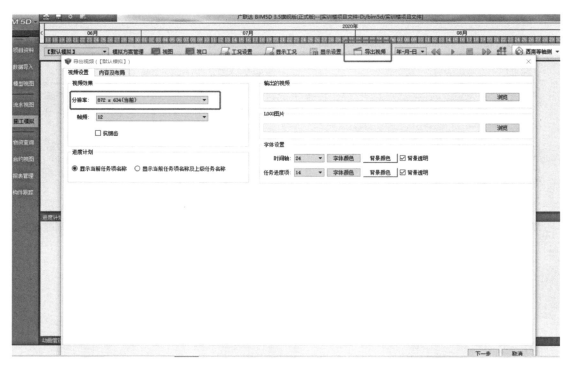

图 6.50　导出视频

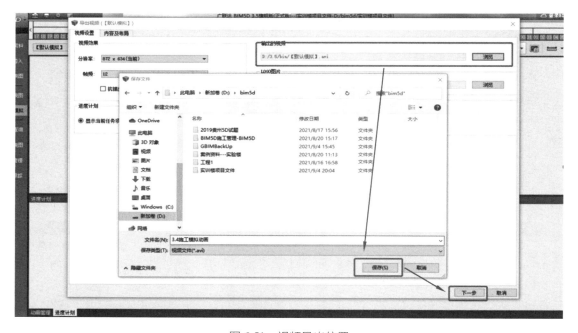

图 6.51　视频导出位置

3.5　选择一层 KZ15,生成属性二维码,截取二维码图片保存为"3.5.1 KZ15 属性二维码",选择适当角度以整个实训楼为对象建立视点保存并导出,命名为"3.5.2 实训楼施工交底资料"。

第一步:切换至"模型视图"模块,在"视图"中选择属性,选中题目中描述的构件,右侧出现二维码,截图并按照题目要求命名保存即可,如图 6.52 所示。

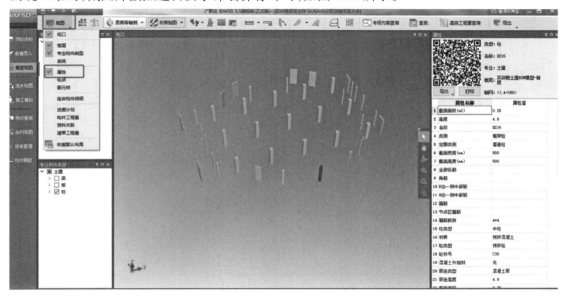

图 6.52 生成二维码

第二步:在"视图"中选择视点,右侧出现窗口,根据题目要求选择适当角度的实训楼,在窗口单击保存视点后导出,按照题目要求命名保存即可,如图 6.53、图 6.54 所示。

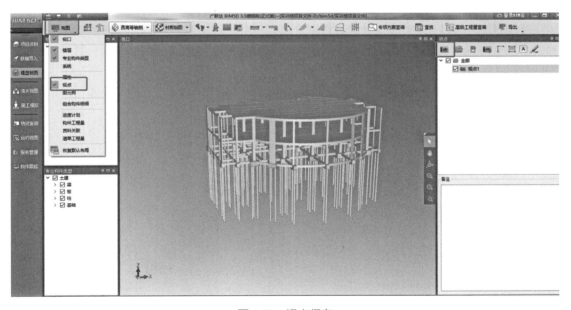

图 6.53 视点保存

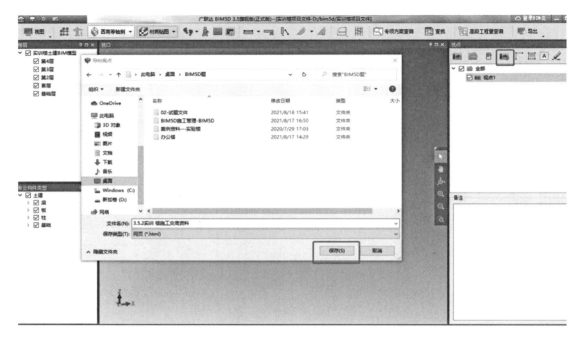

图 6.54　视点导出

参考文献

［1］李枚洁.建筑项目施工阶段的 BIM 技术管理平台分析［J］.住宅与房地产,2020（36）：152-154.

［2］全国一级建造师执业资格考试用书编写委员会.建设工程项目管理［M］.北京:中国建筑工业出版社,2020.

［3］朱溢镕,李宁,陈家志.BIM5D 协同项目管理［M］.北京:化学工业出版社,2019.

［4］本书编委会.建设工程项目管理规范实施指南［M］.北京:中国建筑工业出版社,2017.